AFRIKA-STUDIEN Nr. 1

Die Schriftenreihe „Afrika-Studien" wird herausgegeben vom Ifo-Institut für Wirtschaftsforschung e. V. München in Verbindung mit

Prof. Dr. Dr. h. c. RUDOLF STUCKEN, Erlangen
Prof. Dr. HANS WILBRANDT, Göttingen
Prof. Dr. EMIL WOERMANN, Göttingen

Gesamtredaktion:
Dr. phil. WILHELM MARQUARDT, München,
Afrika-Studienstelle im Ifo-Institut
Dr. agr. HANS RUTHENBERG, Berlin,
Institut für ausländische Landwirtschaft

IFO-INSTITUT FÜR WIRTSCHAFTSFORSCHUNG
AFRIKA-STUDIENSTELLE

Entwicklungsbanken und -gesellschaften in Tropisch-Afrika

Von

NASEEM AHMAD und ERNST BECHER

SPRINGER-VERLAG
BERLIN · GÖTTINGEN · HEIDELBERG
1964

GEFÖRDERT VON DER FRITZ THYSSEN-STIFTUNG, KÖLN

ISBN-13: 978-3-540-03087-4 e-ISBN-13: 978-3-642-99878-2
DOI: 10.1007/978-3-642-99878-2

Library of Congress Catalog Card Number 64-25706

Zur Einführung

Das Ifo-Institut für Wirtschaftsforschung hat im Frühjahr 1961 mit Unterstützung der *Fritz-Thyssen-Stiftung* eine „Afrika-Studienstelle" ins Leben gerufen, die sich mit den wirtschaftstheoretischen und wirtschaftspolitischen Problemen der Entwicklungsländer — speziell der afrikanischen Staaten — auseinandersetzen soll. Die Studienstelle steht damit vor der Aufgabe, durch Untersuchungen über Struktur und Wachstumsmöglichkeiten einzelner Entwicklungsländer an der Schaffung der Grundlagen mitzuarbeiten, auf denen die Entwicklungspolitik der Bundesrepublik sich wirkungsvoll zu entfalten vermag.

Eine systematische wissenschaftliche Fundierung der Entwicklungspolitik kann dazu beitragen, daß die verfügbaren Mittel personeller und finanzieller Art den wirtschaftlichen und soziologischen Gegebenheiten der Entwicklungsländer bestmöglich angepaßt werden. Gewiß soll wissenschaftliche Arbeit nicht in erster Linie auf unmittelbaren Nutzen sehen: „Sie will aus sich selbst gewertet werden; aber sie bleibt deshalb nicht ohne Einwirkung auf die praktische Wirklichkeit". Wenn dieser Ausspruch des großen deutschen Afrikanisten Diederich Westermann auch für die Forschungsergebnisse gelten sollte, die in den „Afrika-Studien" ihren publizistischen Niederschlag finden, so würden wir darin die beste Rechtfertigung für unsere Arbeiten sehen.

Eine sorgfältige Kenntnisnahme und Überprüfung des bisher Erarbeiteten wird am ehesten dazu führen, wirkliche Wissenslücken festzustellen, um im Anschluß daran überlegen zu können, auf welche Weise diese am zweckmäßigsten und schnellsten zu schließen sind. In der Erforschung des afrikanischen Raumes und seiner Wirtschaftsprobleme ist im außerdeutschen Wissenschaftsbereich in den letzten Jahrzehnten Vorbildliches geleistet worden. Nur ein kleiner Teil der daraus resultierenden Erkenntnisse und Erfahrungen ist der deutschen Öffentlichkeit bisher bekannt. Wenn jetzt auch die Afrika-Forschung von deutscher Seite her verstärkt betrieben wird, sollte sie sich klugerweise diese Vorarbeiten zunutze machen und nicht glauben, in jedem Falle am Punkt Null anfangen zu müssen. Wir können über afrikanische Probleme vieles von unseren Kollegen im Ausland lernen, was uns allerdings nicht der Aufgabe enthebt, die wissenschaftlichen Ergebnisse der englischen, französischen, italienischen, belgischen, portugiesischen, amerikanischen u. a. Afrika-Forschung mit kritischem Auge zu betrachten und zu einem eigenen Urteil zu gelangen.

Die drängenden Aufgaben, denen sich Wirtschaft und Verwaltung im „Entwicklungszeitalter" gegenübersehen, erfordern über die theoretische Grundlegung hinaus praktisch verwertbare Unterlagen und Informationen. Diesem Bedürfnis kann mit der notwendigen Gründlichkeit und Vollständigkeit von einem Institut wie dem unseren nur in regionaler Beschränkung des Forschungsgebietes entsprochen werden. Die Komplexität der Probleme in den Entwicklungsländern macht eine regionale Spezialisierung dringend notwendig, wenn eine systematische und intensive Forschung betrieben werden soll und wenn man „Zufalls-Forschung" vermeiden will. Die Afrika-Studienstelle des Ifo-Instituts hat deshalb — gemäß einer Absprache innerhalb der Arbeitsgemeinschaft deutscher wirtschaftswissenschaftlicher Forschungsinstitute — das Schwergewicht ihrer empirischen Forschungstätigkeit auf die afrikanischen Länder südlich der Sahara gelegt.

In den vergangenen drei Jahren sind die wissenschaftlichen Mitarbeiter der Studienstelle in den meisten Ländern Tropisch-Afrikas tätig gewesen. Die Verbindungen zu entsprechenden wissenschaftlichen Einrichtungen und wirtschaftspolitischen Organisationen in Europa, den USA und in Afrika selbst wurden hergestellt. Eine Reihe von Grundlagenforschungen wurde in Angriff genommen. Es kam zunächst in vielen Fällen auf eine möglichst zuverlässige Aufnahme des Tatbestandes an, bevor man an eine Analyse bestimmter Probleme denken konnte. Im Rahmen dieser ersten Inventur ist auch die Darstellung dieses ersten Heftes der Afrika-Studien über „Entwicklungsbanken und -gesellschaften in Tropisch-Afrika" zu sehen. Als Instrument der Entwicklungspolitik gewinnen Entwicklungsbanken und -gesellschaften ständig an Bedeutung. Sie werden zudem in wachsendem Maße in die praktische Durchführung der Entwicklungshilfe eingeschaltet. Deshalb erschien uns eine zusammenfassende Darstellung über Struktur und Arbeitsweise dieser Institutionen für Tropisch-Afrika von Nutzen.

Eine zweite Arbeit des gleichen Typs wird als Heft 3 der „Afrika-Studien" in Kürze folgen. Sie gibt einen Überblick über den Stand und die Problematik der volkswirtschaftlichen Gesamtrechnung in Tropisch-Afrika. Das Veröffentlichungsprogramm der zweiten Jahreshälfte 1964 sieht außerdem eine vergleichende Darstellung der Wirtschaftsplanung und der Entwicklungspläne für Tropisch-Afrika vor.

Neben diese Untersuchungen vergleichender Art für Tropisch-Afrika insgesamt, die sich zum Teil noch im wissenschaftlichen Vorfeld bewegen und weitgehend informativen Charakter tragen, werden in zunehmendem Maße

Problemstudien treten; ihre Thematik wird sachlich und räumlich häufig enger gefaßt sein. Auch diese Einzelstudien sollen sich nach Möglichkeit systematisch in einen Gesamtrahmen einfügen und keine isolierten Zufallsprodukte sein. Hierbei erschien eine Konzentrierung der Forschung auf einen bestimmten Teil Afrikas zweckmäßig, und zwar auf Ostafrika.

Den ostafrikanischen Ländern Kenya, Tanganyika und Uganda sowie Madagaskar galt von Anfang an das besondere Interesse des Ifo-Instituts. Ein koordiniertes, weit über die Wirtschaftswissenschaft im engeren Sinne hinausgreifendes Forschungsprogramm für diesen Raum wurde in Angriff genommen. Ziel der Arbeiten über *Ostafrika* ist es, für diese Region möglichst unter Beteiligung aller hierfür in Betracht kommenden Wissenszweige den Stand und die Grundproblematik der wirtschaftlichen Entwicklung im weitesten Sinne des Wortes zu ermitteln und die zweckmäßigsten Methoden zur Bewältigung dieser neuen Aufgabe zu erarbeiten. Dieses umfassende Programm hätte nicht ohne die tatkräftige Förderung der *Fritz Thyssen-Stiftung* eingeleitet werden können — eine Förderung, die sich nicht in der Bereitstellung von Mitteln erschöpft, sondern darüber hinaus eine echte interdisziplinäre Zusammenarbeit eingeleitet hat. Wir sind den zuständigen Herren der Stiftung hierfür ganz besonders dankbar und fühlen uns verpflichtet, auf ihre verständnisvolle Mitwirkung und Anteilnahme an dieser Stelle wenigstens mit einem Satz hinzuweisen. Die Afrika-Studienstelle des Ifo-Instituts wirkt in diesem umfassend angelegten Projekt als organisatorische und wissenschaftliche Koordinationsstelle unter Mitarbeit von Fachwissenschaftlern und Fachinstituten innerhalb und außerhalb der Bundesrepublik. Einen Überblick über das laufende Programm vermittelt die nachfolgende Zusammenstellung aller Themen, die zur Zeit bearbeitet oder vorbereitet werden.

Durch eine umfassende interdisziplinäre Zusammenarbeit wird es am ehesten gelingen, die schwierigen Fragen theoretischer, methodischer und praktischer Art zu lösen, vor denen der Wirtschaftswissenschaftler in den Entwicklungsländern steht. Es ist ein Trugschluß anzunehmen, daß wirtschaftlicher Fortschritt von selbst in Kettenreaktion den Gesamtfortschritt auslöst. Man sollte sich hüten, den Menschen einseitig als Produktionsfaktor zu betrachten. Denn „die Menschheit erstrebt Entwicklung nicht nur als wirtschaftliche Entwicklung" (Louis-Joseph Lebret). Geht es doch um den ganzen Menschen und um alle Menschen, ein Leitmotiv, das gerade bei François Perroux immer wieder anklingt. So verstanden, muß sich über der Entwicklungs-Technik, -Planung und -Programmierung eine neue Entwicklungs-Ethik erheben, aus der sich vielleicht einmal die großen Linien eines Entwicklungs-Völkerrechts ergeben werden.

Weniger häufig, als man zunächst annehmen möchte, fehlt es an wissenschaftlichen Informationen, deren sich die Wirtschaftspolitik mit Nutzen bedienen könnte. Sehr oft besteht sogar ein Überangebot an Informationen. Den an sich vorhandenen Fundus in geeigneter Weise an die Praktiker heranzutragen und zugleich neues Wissen zu vermitteln, wie die Praxis es braucht, ist ein wesentliches Anliegen dieser Reihe. Deshalb wird jenen Themen, die für die Wirtschaftspolitik und -praxis Vorrang besitzen, nach Möglichkeit ein bevorzugter Platz in der Rangordnung unseres Forschungsprogramms zugewiesen. Dies fällt im allgemeinen um so leichter, als solche Themen sich häufig auch rein wissenschaftlich betrachtet als besonders reizvoll und fruchtbar erweisen. Dabei werden neben der eigenständigen deutschen Forschung in unseren „Afrika-Studien" auch Wissenschaftler aus dem nichtdeutschen Sprachbereich zu Worte kommen, unter denen sich in absehbarer Zukunft — wie wir zuversichtlich hoffen — auch Afrikaner befinden werden.

So sollen unsere Bemühungen nicht zuletzt dazu beitragen, das Wissenschaftspotential für die Entwicklungshilfe zu mobilisieren. Je besser es gelingt, Wissenschaft und Praxis auch auf diesem Gebiet zusammenzuführen, desto nützlicher für beide Seiten und für das gemeinsame Anliegen. Allerdings müssen wir zugeben, daß die Wirtschaftswissenschaften gegenwärtig weder nach dem Stand ihrer theoretischen Kenntnisse noch ihrer Methodik nach in der Lage sind, die allgemeinen Auswirkungen und eventuellen negativen Folgeerscheinungen der Entwicklungshilfe exakt vorauszubestimmen. Eine unkritische Anwendung allgemeiner wirtschaftlicher Wachstumsmodelle führt ebenso in die Irre wie sozialwissenschaftliche Entwicklungsmodelle, die aus Forschungen in Industrieländern abgeleitet sind. Um so größer muß der Anreiz für jeden echten Forscher sein, in dieses wissenschaftliche Neuland vorzustoßen. In diesem Sinne übergeben wir die neue Schriftenreihe der Öffentlichkeit.

Dr. Wilhelm Marquardt
Leiter der Afrika-Studienstelle
im Ifo-Institut

Prof. Dr. Hans Langelütke
Vorsitzender des Vorstandes
des Ifo-Instituts

Überblick über das Afrika-Forschungsprogramm

Das gesamte Forschungsprogramm umfaßte nach dem Stand Ende Juni 1964 die nachfolgend genannten Untersuchungen gesamtwirtschaftlicher und einzelwirtschaftlicher Art. Zur Unterrichtung über Änderungen und Ergänzungen sowie über den Gang der Veröffentlichung wird jedes Heft der „Afrika-Studien“ eine Übersicht über das Gesamtprogramm bringen.

Gesamtwirtschaftliche Studien

a) Tropisch-Afrika

N. AHMAD/E. BECHER, Entwicklungsbanken und -gesellschaften in Tropisch-Afrika (i. Druck als Heft 1)

R. GÜSTEN/H. HELMSCHROTT, Volkswirtschaftliche Gesamtrechnungen in Tropisch-Afrika (i. Druck als Heft 3)

N. AHMAD/E. BECHER/E. HARDER, Wirtschaftsplanung und Entwicklungspläne in Tropisch-Afrika (v. Abschluß)

b) Ostafrika

L. SCHNITTGER, Steuersysteme und Steuerpolitik als Mittel der wirtschaftlichen Entwicklung in Ostafrika (v. Abschluß)

R. GÜSTEN, Zur Problematik wirtschaftlicher Zusammenschlüsse in Ostafrika (i. Vorbereitung)

R. VENTE, Methoden und Ergebnisse der Wirtschaftsplanung in Ostafrika (i. Vorbereitung)

F. GOLL, Die Hilfe Israels für Entwicklungsländer unter besonderer Berücksichtigung Ostafrikas (i. Bearbeitung)

Landwirtschaftliche Studien

a) Tropisch-Afrika

A. REITHINGER, Möglichkeiten der Diversifizierung der Agrarproduktion in Tropisch-Afrika (v. Abschluß)

(Versch.), Die Auswirkungen der EWG-Agrarmarktordnung auf die Exportmöglichkeiten der Entwicklungsländer (i. Bearbeitung)

H. PÖSSINGER, Stand und Problematik der landwirtschaftlichen Entwicklung in Portugiesisch-Afrika (abgeschlossen)

b) Ostafrika

1. Zusammenfassende Rahmenuntersuchungen

H. RUTHENBERG, Agricultural Development in Tanganyika (i. Druck als Heft 2)

ders., Die bäuerliche Produktion in Kenya und Maßnahmen zu ihrer Förderung (i. Vorbereitung)

2. Botanische, tierzüchterische und ökonomische Fragen der Rinderhaltung in Ostafrika

H. LEIPPERT, Die natürlichen Pflanzengesellschaften in den Trockengebieten Ostafrikas (i. Bearbeitung)

K. MEYN, Die Fleischproduktion in den Trockengebieten Ostafrikas (i. Bearbeitung)

N. NEWIGER, Gemeinschaftliche Formen der Viehhaltung (und des Ackerbaus) in Ostafrika (i. Vorbereitung)

E. RADDATZ, Die Organisation der afrikanischen Bauernbetriebe mit Milchviehhaltung in Kenya (i. Bearbeitung)

B. ENGEL, Die Organisation der Fleisch- und Milchmärkte Ostafrikas (i. Vorbereitung)

3. Die Organisation bäuerlicher Betriebssysteme in Ostafrika

D. v. ROTENHAN, Die Organisation der Bodennutzung im Sukumaland (Baumwolle) (v. Abschluß)

H. PÖSSINGER, Möglichkeiten und Grenzen des Bauernsisal in Ostafrika (i. Bearbeitung)

S. GROENEVELD, Die Organisation der Rinder-Kokospalmen-Betriebe bei Tanga (i. Bearbeitung)

W. SCHEFFLER/A. v. GAGERN, Betriebswirtschaftliche und soziologische Probleme der bäuerlichen Tabakproduktion in Tanganyika (i. Bearbeitung)

K. FRIEDRICH/H. JÜRGENS, Die Organisation der Bodennutzung und Viehhaltung im Kaffee-Anbaugebiet bei Bukoba/Tanganyika (i. Bearbeitung)

E. BAUM, Die Organisation von Betrieb und Haushalt bei den Kaffee-Bananen-Milch-Bauern am Kilimandscharo (i. Bearbeitung)

4. Sonstige Untersuchungen im Zusammenhang mit der landwirtschaftlichen Entwicklung

H. FLIEDNER, Bodenrechtsformen in Kenya in ihren ökonomischen und sozialen Auswirkungen (abgeschlossen)

M. PAULUS, Die Rolle der Genossenschaften in der wirtschaftlichen Entwicklung Ostafrikas, speziell Tanganyikas (v. Abschluß)

N. N., Ernährungsgewohnheiten und Ernährungsmängel in Nordtanganyika (i. Bearbeitung)

F. Dieterlen/P. Kunkel, Tropische Nagetiere und Vögel als Schädlinge in der Landwirtschaft (i. Bearbeitung)

W. Kühme, Tierverhaltensforschung in der Serengeti (i. Bearbeitung)

Studien über Handel und Gewerbe

H. Kainzbauer, Der Handel in der wirtschaftlichen Entwicklung Tanganyikas (i. Bearbeitung)

K. Schädler, Das Handwerk in der wirtschaftlichen Entwicklung Tanganyikas (i. Vorbereitung)

Soziologische Untersuchungen

A. v. Molnos, Methoden und Ergebnisse der soziologischen Forschung in Ostafrika (v. Abschluß)

H. Harlander/A. v. Molnos, Die Rolle der Frau in der wirtschaftlichen und sozialen Entwicklung Ostafrikas (i. Vorbereitung)

O. Raum, Die Anpassungsbereitschaft und -fähigkeit des Afrikaners an die moderne Wirtschaft, untersucht für das Kilombero-Tal/Tanganyika (i. Bearbeitung)

N. N., Der Afrikaner als Industriearbeiter in Ostafrika (i. Vorbereitung)

Regional-Studien verschiedener Art

W. Marquardt, Natur, Mensch und Wirtschaft in ihren Wechselbeziehungen am Beispiel Madagaskars (i. Bearbeitung)

R. Güsten, Problems of Economic Development of the Sudan (abgeschlossen)

H.-O. Neuhoff, Die Rohstoffwirtschaft in der Entwicklungsplanung der Republik Gabun (v. Abschluß)

H. Jürgens, Beiträge zur Binnenwanderung und Bevölkerungsentwicklung in Liberia (i. Druck als Heft 4)

H. D. Ludwig, Ukara — eine wirtschaftsgeographische Entwicklungsstudie (i. Bearbeitung)

K. Schädler/N. N., Entwicklungsmöglichkeiten im Ulanga-Distrikt/Tanganyika (i. Vorbereitung)

Bibliographien

D. Mezger/E. Littich, Die neuere englische und amerikanische Wirtschaftsforschung in Ostafrika. Eine ausgewählte Bibliographie (i. Bearbeitung)

Inhaltsverzeichnis

A. Allgemeine Merkmale der Entwicklungsbanken und -gesellschaften

1. Entstehung

Den Anstoß zur Errichtung von Entwicklungsbanken und -gesellschaften gaben die Kolonialmächte, als sie nach dem Zweiten Weltkrieg umfangreiche Erschließungsprogramme für ihre abhängigen Gebiete entwarfen und durchführten. Es entstanden *überregionale* Institute, die von den Mutterländern direkt geleitet wurden und für den gesamten Kolonialraum zuständig waren, neben *regionalen* Instituten, deren Tätigkeit auf jeweils ein Gebiet beschränkt blieb. Die Institute wurden mit Budgetmitteln des Mutterlandes bzw. der Kolonien ausgestattet und mit wirtschaftlichen und sozialen Förderungsmaßnahmen betraut.

Mit der Gewährung der politischen Unabhängigkeit übertrugen die Kolonialmächte auch die wirtschafts- und entwicklungspolitische Verantwortung auf die afrikanischen Staaten. Da diese Staaten aber weiterhin auf die Hilfe der früheren Kolonialmacht angewiesen sind, blieben die überregionalen Institute in der Regel bestehen (bei leichten Veränderungen ihrer Struktur und evtl. ihres Namens), denn sie haben sich als Steuerungsorgane der Entwicklungshilfe bewährt und verfügen über langjährige wertvolle Erfahrungen. Gleichzeitig entstanden *nationale* Entwicklungskörperschaften, oft unter Umwandlung der regionalen Institute.

Die vorläufig letzte Stufe der institutionellen Entwicklung ist mit der Gründung *interafrikanischer* Gemeinschaftsorgane der neuen Staaten erreicht worden.

Gegenwärtig arbeiten über 90 Entwicklungsbanken und -gesellschaften in den Ländern Tropisch-Afrikas, darunter 8 überregionale bzw. interafrikanische Einrichtungen. Die große Zahl von Neugründungen ist Ausdruck des Strebens nach beschleunigter wirtschaftlicher Entwicklung. Diese war und ist immer noch weitgehend gehemmt durch:

— Mangel an Investitionskapital
— Fehlen privater Unternehmungen und privater Initiative
— Mangel an technischem Wissen und Können aller Art und auf allen Stufen.

Die Entwicklungsbanken und -gesellschaften wurden mit dem Ziel gegründet, diese Engpässe zu beseitigen bzw. zu umgehen. Sie widmen sich dieser Aufgabe, indem sie einheimische und ausländische, öffentliche und private Finanzierungsquellen erschließen und zusammenfassen, um sie als verlorene Zuschüsse, in Form von Krediten oder Kapitalbeteiligungen in produktive Verwendungen zu lenken, oft im Rahmen eines globalen Entwicklungsprogramms und mitunter bei gleichzeitiger Gewährung technischen Beistandes.

2. Kapitalausstattung und Trägerschaft

Als Kapitalquellen der Entwicklungsbanken und -gesellschaften kommen in Frage:

Dotierung aus einheimischen Budgets

Regelmäßige Zuweisung bestimmter öffentlicher Abgaben

Kapitalbeteiligung einheimischer öffentlicher Finanzorgane wie Zentralbanken, staatliche Kreditanstalten, Genossenschaftskassen u. a.

Kapitalbeteiligung der überregionalen Institute der ehemaligen Mutterländer

Sonstige ausländische öffentliche Kapitalhilfe (z. B. staatliche Zuwendungen und Beteiligungen, Weltbankdarlehen, internationale Anleihen)

Private einheimische und ausländische Kapitalbeteiligung.

Die Mannigfaltigkeit der Kapitalquellen bedingt große Unterschiede in der jeweiligen Form der Trägerschaft. Nur ein Teil der Institute befindet sich ausschließlich in der Hand der jeweiligen Regierung. Häufig bestehen Teilhaberschaften der überregionalen Institute der ehemaligen Mutterländer und erst ganz vereinzelt auch direkte ausländische staatliche Beteiligungen. Auch wenn es sich in diesen Fällen um Minderheitsbeteiligungen handelt, ergeben sich beträchtliche Einflußmöglichkeiten auf die Geschäftsführung der Institute. Das gilt auch in solchen Fällen, in denen Privatkapital beteiligt ist. Rein private Entwicklungsbanken und -gesellschaften sind heute selten.

Die überwiegend öffentliche Trägerschaft erklärt sich aus folgenden Gründen:

— Die Banken und Gesellschaften sollen sich hauptsächlich dort betätigen, wo besondere Risiken bestehen, z. B. bei Kredit- und Kapitalbeteiligungen in neuen Bereichen der wirtschaftlichen Aktivität.

— Um wirklich das allgemeine wirtschaftliche Interesse fördern zu können, darf sich eine Entwicklungsbank oder -gesellschaft nicht ausschließlich von der Maxime des Gewinnstrebens leiten lassen.

— In einigen Fällen ist es unerläßlich, daß der Staat Eigentümer einer derartigen Einrichtung ist und die Kontrolle über sie ausübt. Das trifft dann zu, wenn sich derartige Institute ausschließlich auf dem öffentlichen Sektor betätigen oder den Staat bei der Durchführung der Entwicklungsplanung unterstützen.

3. Rechtsform

Die Entwicklungsbanken und -gesellschaften sind durchgehend rechtlich autonom. Ein Teil der Institute ist öffentlich-rechtlich strukturiert (als Anstalten oder Körperschaften), ein Teil arbeitet in privatrechtlicher Form (in der Regel als Aktiengesellschaft). Aktiengesellschaften sind vor allem jene Institute, die sich in der Hand verschiedener öffentlicher Kapitaleigner befinden oder an denen Privatkapital beteiligt ist (gemischtwirtschaftliche Unternehmen). Nach unternehmenswirtschaftlichen Grundsätzen arbeiten aber mitunter auch Einrichtungen, deren Bezeichnung als „Fund" oder „Board" anzudeuten scheint, daß es sich lediglich um nicht-rechtsfähige Sondervermögen oder Organe der allgemeinen Staatsverwaltung handelt.

4. Tätigkeitsbereich

Einige Entwicklungsbanken und -gesellschaften beschäftigen sich ausschließlich mit der Förderung der öffentlichen Wirtschaft. Die meisten Institute sind jedoch gleichzeitig im öffentlichen und privaten Bereich tätig, wobei das Schwergewicht von Fall zu Fall wechselt. Nicht selten findet sich eine Spezialisierung auf bestimmte Sektoren (Landwirtschaft, Industrie, Handel, Bau, Verkehrswesen, Sozialwesen). In den meisten Fällen erfolgt keine regionale Begrenzung der Tätigkeit. Mitunter bestehen jedoch autonome Körperschaften für bestimmte Landesteile (Regionalisierung), oder die nationalen Institute verfügen über Filialen (Dezentralisierung). Die Institute der (ehemaligen) Mutterländer sind in mehreren Ländern zugleich tätig und unterhalten dort oft Zweigstellen oder auch Tochtergesellschaften [1].

5. Arbeitsweise

Aus der Arbeitsweise der Entwicklungsinstitute lassen sich die entscheidenden Kriterien für eine Trennung nach Entwicklungsbanken und -gesellschaften gewinnen.

Entwicklungs*banken* im strengen Sinne sind Finanzierungsinstitute, die Kredite verschiedener Fristen und für unterschiedliche Zwecke bereitstellen oder Unternehmungen durch Kapitalbeteiligung fördern. Entwicklungs*gesellschaften* im strengen Sinne sind jene Einrichtungen, die selbst Unternehmungen gründen, sei es mit eigenem Kapital (staatliche Gesellschaften [öffent-

---

[1] Auf längere Sicht könnte die geplante weiträumige Aufgabenstellung der neuen interafrikanischen Institute (siehe Anhang, Institute Nr. 1—3) — u. a. die angestrebte Finanzierung multinationaler Projekte, Zusammenfassung und Lenkung ausländischer Kapitalhilfe, Koordinierung der Tätigkeit der nationalen Institute — zu einer ähnlichen Untergliederung mit nationalen Vertretungen, Zweigstellen und Tochtergesellschaften führen.

liche Unternehmen] — *subsidiary companies — sociétés d'États*) oder zusammen mit privatem Unternehmenskapital (gemischtwirtschaftliche Gesellschaften — associated companies — sociétés d'économie mixte). Nicht selten besteht die Absicht, diese Unternehmungen nach erfolgreichem Aufbau ganz in private Hand zu geben (Pionierunternehmungen).

Neben diesen „reinen" Formen gibt es viele Institute, in denen beide Funktionen vereinigt wurden; der Institutsname ist mitunter irreführend. Auch beschränken sich manche Entwicklungsbanken nicht auf die Kredit- und Kapitalbereitstellung, manche Entwicklungsgesellschaften nicht auf Unternehmensgründung und -leitung, sondern gewähren darüber hinaus technische Hilfe und wirken als Beratungsorganisationen (z. B. Genossenschaftshilfe, landwirtschaftliche Beratung, Maßnahmen zur Marktförderung, Hilfestellung für Handwerk und Kleinindustrie). Durch eine derartige Ausdehnung des Aufgabenbereichs versuchen die Entwicklungskörperschaften den vielfältigen Schwierigkeiten zu begegnen, die den Erfolg ihrer regulären Arbeit hemmen.

Für die nachfolgende Besprechung der einzelnen Entwicklungsinstitute, deren allgemeine Merkmale herausgehoben wurden, ist eine zusammenfassende Gruppierung notwendig und möglich; denn die Kolonialmächte (besonders Frankreich und Großbritannien) haben in ihren früheren Gebieten eine institutionelle Tradition geschaffen und hinterlassen, die bei aller Mannigfaltigkeit der Formen jeweils gemeinsame Grundzüge erkennen läßt. Daher ist es gerechtfertigt, die Entwicklungseinrichtungen in der Frankenzone und im ehemals britisch beherrschten Raum (Commonwealth-Länder) zusammenfassend zu behandeln. Im Anschluß daran werden die Entwicklungsinstitute in den übrigen Ländern Tropisch-Afrikas dargestellt.

B. Entwicklungsinstitute in der Frankenzone

Hierzu gehören die Staaten: Dahomey, Elfenbeinküste, Gabon, Guinea (bis 1958), Kamerun, Kongo (Brazzaville), Madagaskar, Mali (bis 1962, seitdem lose Anlehnung), Mauretanien, Niger, Obervolta, Senegal, Togo (lose Anlehnung), Tschad, Zentralafrikanische Republik sowie die noch abhängigen Gebiete frz. Somaliland, Komoren und Réunion (Übersee-Departement).

Die entwicklungspolitischen Einrichtungen im früheren französischen Kolonialbereich sind meistens Schöpfungen der Nachkriegszeit und stark zentralistisch gefärbt. Zwar sind die zentralistischen Formen im Zuge der Staatenbildung zurückgedrängt oder aufgelockert worden. Da sie aber zu Vorbildern für die zahlreichen Neugründungen von Entwicklungsinstituten in den jungen Staaten wurden, bleiben einheitliche Strukturformen für die Länder der Frankenzone vorherrschend.

I. Das institutionelle System bis zur Unabhängigkeit

Ein Gesetz vom 30. April 1946 bildet die rechtliche Grundlage für die Errichtung, Organisation und Arbeitsweise der wichtigsten Entwicklungsinstitutionen, deren Tätigkeit mit der Durchführung mehrjähriger Erschließungspläne eng verknüpft ist.

1. Die Caisse Centrale de la France d'Outre-Mer (CCFOM)

wurde damals zur zentralen staatlichen Entwicklungsbank erhoben. Sie war 1941 unter dem Namen *Caisse Centrale de la France Libre* als Zentralbank des freien Frankreich gegründet worden. Ihre Kapitalausstattung betrug. rd. 35 Mill. DM.

Die Tätigkeit dieser Bank zerfällt in zwei Funktionsbereiche:

a) Treuhandverwaltung der Entwicklungsfonds *FIDES* und *FIDOM* und Kontrolle über die Verwendung der Mittel

b) Entwicklungsförderung aus eigener Initiative.

a) Treuhandverwaltung und Kontrolle von FIDES und FIDOM

Die Investitionsfonds für die wirtschaftliche und soziale Entwicklung der Überseegebiete *(FIDES)*[1] und der Übersee-Departements *(FIDOM)*[2] waren auf der Grundlage des Gesetzes vom 30. April 1946 geschaffen worden. In diese beiden Fonds floß der größte Teil aller öffentlichen Mittel, die im Rahmen der langfristigen Entwicklungsplanung für umfangreiche Erschließungsarbeiten bestimmt waren (wirtschaftliche, technische und soziale Infrastrukturmaßnahmen, z. B. Straßen-, Hafen-, Eisenbahnbau, Ausbau der Flußschiffahrt und des Nachrichtenwesens, landwirtschaftliche Strukturverbesserung, Bewässerung, Anbauversuche, Siedlungsvorhaben, Bau von Schulen, technischen Ausbildungsstätten und Krankenhäusern sowie Finanzierung von Forschungs- und Prospektionsarbeiten allgemeiner Art).

Die Fonds wurden aus jährlichen Budgetüberweisungen Frankreichs und der Überseegebiete gespeist. Alle Investitionen, die nicht unmittelbar einem oder einer Gruppe von Überseegebieten zugute kamen, sondern die Gesamtentwicklung der Frankenzone förderten, wurden ganz aus dem französischen Haushalt finanziert (*section générale* des *FIDES*). An der Finanzierung der übrigen Investitionen beteiligten sich die Überseegebiete prozentual, und zwar bis 1953 mit 45 %, bis 1956 mit 35 % und seither mit 10 % (*section locale* des *FIDES*).

---

[1] *Fonds d'Investissements pour le Développement Economique et Social des Territoires d'Outre-Mer.*

[2] *Fonds d'Investissements des Départements d'Outre-Mer.*

Die *CCFOM* verteilte die anfallenden Mittel gemäß den Planrichtlinien an die Gebietskörperschaften, an sonstige öffentliche Einrichtungen, Forschungs-, Erschließungs- und Studiengesellschaften sowie an staatliche, gemischtwirtschaftliche und private Unternehmen, die Planprojekte übernommen hatten.

Bis Ende 1958 waren diese für Rechnung des *FIDES* und als Subventionen gewährten Zuwendungen mit 77 % an den gesamten finanziellen Transaktionen der *CCFOM* beteiligt (rd. 670 von 870 Mrd. frs.).

b) Entwicklungsförderung aus eigener Initiative

Bei der Entwicklungsförderung aus eigener Initiative war die *CCFOM* nicht an Planauflagen gebunden; vielmehr sollte sie

— Finanzierungslücken schließen, die bei den Plandurchführungen entstanden

— Finanzkapital aller Fristen und Modalitäten anbieten, um förderungswürdige Unternehmungen in allen Wirtschaftsbereichen zu unterstützen.

Diesen Teil der Entwicklungsfinanzierung bestritt die Bank aus eigenen Mitteln, aus Zuweisungen des französischen Schatzamtes und aus Mitteln, die sie sich am Geld- und Kapitalmarkt zu beschaffen vermochte.

Den Gebietskörperschaften gewährte die *CCFOM* langfristige Kredite über 25 Jahre zu 1½ %, damit diese den ihnen auferlegten Anteil an der *FIDES*-Finanzierung *(section locale)* aufbringen konnten.

Außerdem gewährte die *CCFOM* an Unternehmen aller Wirtschaftsbereiche mittel- und langfristige Kredite. Auch Forschungs- und Studiengesellschaften und öffentliche Einrichtungen versorgte sie mit Kredit. Der Zinssatz schwankte je nach Laufzeit und Kreditsumme zwischen 3 % und 7½ %. Bei der langfristigen Darlehensgewährung nahm die *CCFOM* häufig Schuldscheine der kreditsuchenden Unternehmungen auf und verstärkte ihre Mittel durch die Placierung eigener Anleihen auf dem französischen Kapitalmarkt. Der Spielraum der *CCFOM* bei der mittelfristigen Kreditgewährung war dadurch erweitert, daß sie Effekten zum Rediskont an die Zentralbanken der Frankenzone weiterreichen konnte [1].

Zusätzliche Finanzierungshilfen konnte die *CCFOM* in der Form von Kapitalbeteiligungen an wirtschaftlichen Unternehmungen aller Art gewähren. Keinesfalls sollte sie bei dieser Tätigkeit mit anlagewilligem Privatkapital in Wettbewerb treten. Mehrheitsbeteiligungen und Unternehmensleitung waren ihr untersagt.

Zu den wichtigsten Unternehmungen, an deren Grundkapital sich die *CCFOM* beteiligte, zählen:

Compagnie générale des oléagineux tropicaux

Compagnie française pour le développement des fibres textiles

---

[1] Dazu gehörten: *Institut d'Emission de l'AOF et du Togo* für Franz.-Westafrika, seit 1959 *Banque Centrale des États de l'Afrique de l'Ouest; Institut d'Emission de l'AEF et du Cameroun* für Franz.-Äquatorialafrika, seit 1959 *Banque Centrale des États de l'Afrique Equatoriale et du Cameroun; Banque de Madagascar et des Comores.* Für die Überseedepartements (mit Ausnahme von Algerien) versah die *CCFOM* selbst die Funktionen der Zentral- und Notenbank.

Les relais aériens français
Société africaine d'électricité
Société d'études pour le développement économique et social
Société de participations pétrolières.

Diese Unternehmungen arbeiten in mehreren afrikanischen Ländern und kontrollieren zum Teil eine Reihe von Untergesellschaften. Zu den wichtigsten Unternehmungen, deren Tätigkeit sich auf ein Land beschränkt und an denen sich die *CCFOM* beteiligte, gehören:

Energie électrique de Côte d'Ivoire, de Guinée und in anderen Ländern
Sociétés immobilières (Wohnungs- und Wirtschaftsbaugesellschaften) in allen Ländern
Sociétés d'études in Dahomey, Senegal und anderen Ländern.

Um auch den Gebietskörperschaften eine Beteiligung an den gemischtwirtschaftlichen und staatlichen Unternehmungen, die das öffentliche Interesse berührten, zu ermöglichen, gewährte ihnen die *CCFOM* gewöhnlich langfristige Darlehen zum Zinssatz von 1—2 %.

Kredite an private Unternehmungen konnten mit Genehmigung der *CCFOM* in Beteiligungen am Aktienkapital umgewandelt werden. Sobald sich einheimisches privates Kapital gebildet hat, soll dieser Aktienbestand der *CCFOM* an Private veräußert werden.

Von 1946 bis 1958 gewährte die *CCFOM* aus eigener Initiative rd. 170 Mrd. frs an Finanzierungsmitteln, davon etwa

25 % Kredite an Gebietskörperschaften und öffentliche Verwaltungen
32 % Kredite an staatliche und gemischtwirtschaftliche Unternehmungen
38 % Kredite an private Unternehmungen
5 % Beteiligungen an Unternehmungen.

2. Regionale Finanzierungsgesellschaften

In der Frankenzone entstanden regionale Finanzierungsinstitute, die mit öffentlichen Mitteln arbeiteten, zuerst in den dreißiger Jahren als sogenannte *Caisses de Crédit Agricole.* Ihre Aufgabe bestand darin, einheimischen Produzenten Kleinkredite zu gewähren. Im Rahmen der Entwicklungsplanung nach dem Zweiten Weltkrieg erwies es sich als notwendig, diese Institute auf eine breitere Basis zu stellen und mit zusätzlichen Aufgaben zu betrauen.

Darum wurde die *CCFOM* im Jahre 1949 ermächtigt, *Spezialinstitute* zu schaffen, die in den Grenzen der einzelnen Überseegebiete die Funktionen der früheren Agrarkreditinstitute übernehmen und allgemeine Finanzierungsaufgaben wahrnehmen sollten, um die wirtschaftliche und soziale

Entwicklung auf dem Lande zu fördern (sog. *établissements de crédits sociaux*). Zwischen 1949 und 1957 entstanden:

Crédit de l'AEF (für Äquatorialafrika)[1]	220	Mill. frs. CFA Grundkapital
Crédit du Cameroun	600	
Crédit du Madagascar	725	
Crédit du Sénégal	100	
Crédit du Soudan (Mali)	100	
Crédit de la Guinée	100	
Crédit de la Côte-d'Ivoire	200	
Crédit de la Haute-Volta	100	
Crédit du Niger	100	
Crédit du Togo	50	
Banque du Bénin (Dahomey)	100	

Alle Institute außer der *Banque du Bénin* hatten den rechtlichen Status eines staatlichen (öffentlichen) Unternehmens *(société d'État);* das Kapital wurde in der Regel je zur Hälfte von der *CCFOM* und von der jeweiligen Gebietsregierung bereitgestellt (oft mit Hilfe von langfristigen Krediten, die bei der *CCFOM* zu diesem Zweck aufgenommen wurden). Die *Banque du Bénin* arbeitete als gemischtwirtschaftliches Unternehmen *(société d'économie mixte)* mit geringfügiger privater Kapitalbeteiligung. Zusätzliche Finanzierungsmittel flossen den Instituten in Form von Krediten und verlorenen Zuschüssen aus dem französischen Budget (gewöhnlich über die *CCFOM*), aus den Territorialbudgets und in Form von mittelfristigen Rediskontkrediten von den Emissionsinstituten zu.

Die Kreditgewährung der Finanzierungsgesellschaften belief sich bis 1960 auf rund 30 Mrd. frs. CFA. In geringem Maße gaben sie verlorene Zuschüsse und übernahmen bisweilen Bürgschaften für Kredite, die von dritter Seite für förderungswürdige Vorhaben bereitgestellt wurden.

Die Kredite zerfallen in vier große Gruppen:

Betriebsmittelkredite für Landwirte, Handwerker, industrielle Kleinbetriebe, den Kleinhandel und landwirtschaftliche Genossenschaften bzw. Gesellschaften mit einer durchschnittlichen Dauer von 5—10 Jahren zu einem Zinssatz von 2—5 %

Ernteüberbrückungs- und Ernteabsatzkredite über kurze Fristen.

Wohnungs- und Wirtschaftsbaukredite bis zu 25 Jahren

Private Anschaffungskredite für langlebige Gebrauchsgüter (kurz- bis mittelfristig, 3—7 %), z. B. für Möbel, Fahrzeuge, Radios, Gartengeräte etc.

In dem jeweiligen Land gründeten die Institute Filialen, um die Kreditnachfrage besser zu befriedigen, aber auch, um die Kreditkontrolle zu erleichtern. Mitunter bedienten sie sich bei der Kreditüberwachung der Mit-

[1] Mit Filialen in Tschad, Kongo, Zentralafrikanischer Republik und Gabon, die 1959 bzw. 1960 verselbständigt wurden.

hilfe von genossenschaftlichen Organen (sog. *organismes intermédiaires*), wie der *Société africaine de prévoyance* oder der *Société mutuelle de production et de développement rural.* In Kamerun führte die Entwicklung sogar zur Gründung von besonderen Kreditsicherungsgemeinschaften *(groupements mutualistes)*, die auf Dorfebene die ausgeliehenen Gelder garantieren.

Die Finanzierungsgesellschaften arbeiten eng mit den regionalen Wohnungs- und Wirtschaftsbaugesellschaften *(sociétés immobilières)* und den Elektrizitätsgesellschaften *(sociétés d'énergie électrique)* zusammen, an denen die *CCFOM* beteiligt war.

Kritisch läßt sich zur Tätigkeit der regionalen Finanzierungsgesellschaften sagen, daß die in den Kolonien ansässigen Europäer einen vergleichsweise hohen Anteil an den ausgereichten Produktivkrediten für Handwerk, industrielle Kleinbetriebe und Landwirtschaft hatten; er betrug in Äquatorialafrika und in Madagaskar zwischen 1953 und 1957 über 75 %. Die Europäer boten im allgemeinen bessere Sicherheiten und benötigten in geringerem Maße die technische Hilfe der Institute. Die Wohnungsbaukredite blieben häufig auf die städtischen Gebiete beschränkt. Hauptnutznießer waren die öffentlichen Angestellten, die außer relativ hohen Einkommen auch bessere Garantien angesichts der geltenden Pfändungsgesetze boten. In Äquatorialafrika und in Senegal wurde erfolgreich versucht, den Kreis der Begünstigten durch die Einschaltung der Handelskammern und die Schaffung besonderer Garantiefonds auszudehnen. Im Landesinnern wurde ein Teil des Finanzkredits sogleich an den Bauunternehmer gezahlt, und für die Bereitstellung der Baumaterialien trug das Kreditinstitut oft selbst Sorge.

Schlechte Erfahrungen wurden im allgemeinen mit den Krediten für langlebige Gebrauchsgüter gemacht. Diese Kreditform kann sicherlich auch entwicklungspolitisch vorteilhaft sein, wenn sie dazu beiträgt, den Erwerb von Gütern zu ermöglichen, die im *weiteren Sinne* produktiv sind, z. B. Fahrräder für Leute mit langen Anmarschwegen zur Arbeitsstätte und zu den örtlichen Märkten, Radios, die die Ausstrahlung von Erziehungs- und Unterweisungsprogrammen in die ländlichen Gebiete ermöglichen, oder Kleingeräte für den Haus- und Gartengebrauch. Tatsächlich ist ein erheblicher Teil dieser Kredite in die Hand der Funktionäre gelangt, die damit Güter des gehobenen Konsums (Autos, Kühlschränke, Klimaanlagen) erwarben. Außerdem blieb die Kreditgewährung wie bei den Wohnungsbaukrediten auf die Städte beschränkt. Oft waren Risikoerwägungen der Kreditinstitute für diese Entwicklung maßgebend.

II. Reform und gegenwärtiger Stand

1958 wurde den meisten Überseegebieten im Rahmen der neu begründeten französisch-afrikanischen Gemeinschaft *(Communauté franco-africaine)* die volle innere Autonomie gewährt, und schon zwei Jahre später wurden sie zu souveränen Staaten. Diese politische und staatsrechtliche Entwicklung blieb nicht ohne Einfluß auf die Struktur der Entwicklungskörperschaften. Sowohl die *CCFOM* als auch die regionalen Finanzierungsgesellschaften wurden reformiert. Daneben entstanden neue nationale Institute.

1. Die Caisse Centrale de Coopération Economique (CCCE)

trat 1959 die Nachfolge der *CCFOM* an und übernahm ihre Rechte und Pflichten. Sie wirkt weiterhin als öffentlich-rechtliches Institut und ist das Zentralorgan der französischen Entwicklungshilfe. In ihrer Arbeitsweise ergaben sich einige wichtige Veränderungen:

Die treuhänderische Verwaltung von Fondsmitteln ist erweitert worden. *FIDES* und *FIDOM* erhalten die öffentlichen Planmittel für die noch abhängigen Überseegebiete (in Afrika Komoren und Somaliland) bzw. für die Überseedepartements (u. a. Réunion). Für die unabhängigen Staaten ist der *Fonds d'Aide et de Coopération (FAC)* an die Stelle des *FIDES* getreten. In ihn fließt nahezu die gesamte Kapitalhilfe, die Frankreich aus Budgetmitteln bereitstellt. Er umfaßt auch jene öffentlichen Mittel, die den afrikanischen Staaten zum Zwecke des Budgetausgleichs gewährt werden und die in der Vergangenheit nicht von *FIDES* erfaßt wurden. Auch die öffentlichen Mittel, die für die technische Hilfe gewährt werden und früher von einzelnen Ressorts oder Sonderverwaltungen vergeben wurden, gehen über den *FAC* und damit über die *CCCE*. Außerdem wurde der *CCCE* die Finanzführung von drei Sonderfonds übertragen: *Fonds commun de la recherche scientifique outremer, Fonds de soutien des textiles d'outre-mer* (1956 gegründet) und *Fonds national de régularisation des prix des produits d'outre-mer* (gegr. 1955).

Für die vom EWG-Entwicklungsfonds gewährten Mittel für Einzelprojekte handelt die *CCCE* als bevollmächtigte Anweisungskasse *(payeur délégué)*. Diese Aufgabe kann der *CCCE* auch übertragen werden für öffentliches Investitionskapital, das von Drittstaaten gewährt wird.

Auch weiterhin wird die Bank aus eigener Initiative tätig und vermittelt aus französischen Budgetüberweisungen Kredite an Unternehmungen aller Wirtschaftssektoren. Rediskontkredite hingegen soll sie nur noch ausnahmsweise gewähren.

Kapitalbeteiligungen geht sie nach denselben Grundsätzen ein, die schon für die *CCFOM* verbindlich waren. Sie führt die Beteiligungen der *CCFOM* fort. Ein neues Betätigungsfeld für Kapitalbeteiligungen ergab sich für die Bank mit der Gründung nationaler Entwicklungsbanken in den einzelnen Staaten.

2. Die Gründung nationaler Entwicklungsbanken

Mit der Erlangung der Souveränität fiel den ehemaligen Überseegebieten der Frankenzone auch die entwicklungspolitische Verantwortung zu. Für die Durchführung zahlreicher ehrgeiziger Entwicklungsprojekte, die meistens in mehrjährigen Plänen oder Programmen aufgeführt sind, bleiben die Staaten zwar auf den Zufluß öffentlichen Auslandskapitals angewiesen. Gleichzeitig stellt sich ihnen aber die Aufgabe, in verstärktem Maße einheimisches Kapital zu mobilisieren und die nationale Entwicklungspolitik auch institutionell zu straffen. Zu diesem Zweck schufen die meisten Staaten Entwicklungsbanken:

— In Dahomey, Gabon, Guinea, Kamerun, Kongo (Brazz.), Madagaskar, Mali, Obervolta, Tschad und in der Zentralafrikanischen Republik gingen diese Entwicklungsbanken aus den regionalen Kreditinstituten hervor, die seinerzeit auf Betreiben der *CCFOM* gegründet worden waren.
— In Senegal und Niger wurden Entwicklungsbanken gegründet, ohne die Tätigkeit der regionalen Kreditinstitute zu beenden. Diese wurden lediglich den neuen Verhältnissen angepaßt (Umwandlung in nationale Institute, Beschränkung auf Wohnungsbaufinanzierung, auf Kleinkredite für Handwerk, private Landwirte, Fischer und auf Kredite für langlebige Gebrauchsgüter). Eine klare Abgrenzung des jeweiligen Aufgabenfeldes muß sich hier erst noch einspielen.
— In der Elfenbeinküste und in Togo ist noch keine Entwicklungsbank gegründet worden. Wie in Senegal und Niger wurden die regionalen Institute in nationale Kreditorgane umgewandelt.

Bei der Umgestaltung der regionalen Institute in nationale Entwicklungsbanken wurde das Kapital beträchtlich erhöht. In allen Fällen besitzt der Staat die Kapitalmehrheit. Mit Ausnahme von Guinea und Mali ist die *CCCE* an allen Instituten beteiligt und besitzt zumindest eine Sperrminorität. Damit kann sie einen erheblichen Einfluß auf die Geschäftspolitik ausüben.

Bei einigen Banken wurde die Kapitalerhöhung dadurch erleichtert, daß sich die Zentralbanken der Frankenzone beteiligten *(Banque Centrale des Etats de l'Afrique de l'Ouest, Banque Centrale des Etats de l'Afrique Equatoriale et du Cameroun).* In Einzelfällen beteiligten sich weitere staatliche Kreditanstalten wie die *Caisse des dépôts et consignations.* Nur bei der *Banque Dahoméenne de Développement* besteht eine private Minderheitsbeteiligung.

Die Rechtsform der neuen Institute ist nicht einheitlich; einige sind als privatrechtliche Gesellschaften strukturiert. Alle betreiben ihre Geschäfte nach gemeinwirtschaftlichen Grundsätzen.

Aufgabenstellung und Arbeitsweise der verschiedenen Entwicklungsbanken sind recht einheitlich. Verallgemeinernd kann man sagen, daß sie in nationalem Rahmen die Struktur der *CCCE* widerspiegeln. Zwei Funktionsbereiche lassen sich nämlich auch bei ihnen unterscheiden:

a) Staatliche Auftrags- und Treuhandtätigkeit
b) Förderung der wirtschaftlichen Entwicklung aus eigener Initiative.

a) Als Auftrags- und Treuhandorgane der Regierung sind die Entwicklungsbanken hauptsächlich damit betraut, Projektfinanzierungen im Rahmen der Entwicklungsplanung vorzunehmen. In einigen Ländern sind in Anlehnung an die französische Praxis besondere Entwicklungsfonds gebildet worden (*Caisses* bzw. *Fonds d'Investissement* in Senegal, Kamerun u. a.), die aus Budgetmitteln, aus der Zuweisung öffentlicher Abgaben und ausländischer Kapitalhilfe gespeist werden. Ihre Verwaltung obliegt den Banken; Empfänger der Mittel, die in der Regel als nicht rückzahlbare Investitionshilfen gewährt werden, sind Unternehmungen, Genossenschaften und regionale Gebietskörperschaften, die die Durchführung von Planprojekten übernommen haben. Die Banken kontrollieren gewöhnlich die Mittelverwendung.

Eine weitere Aufgabe der Banken besteht darin, Einlagen von öffentlichen Verwaltungen zur Verfügung zu stellen, z. B. Projektbeurteilungen vorzunehmen. Zum Teil ist ihnen aufgetragen, bei der technischen Ausbildung von Angestellten der Gebietskörperschaften mitzuwirken. Meistens unterhalten die Institute mehrere Filialen im Lande, um eine bessere Beziehung zu den örtlichen Verwaltungen zu gewährleisten und die Finanzkontrolle zu erleichtern. Schließlich verwalten die Banken in der Regel alle Finanzbeteiligungen des Staates. Einigen Banken ist auch der Schuldendienst übertragen worden.

b) Bei ihrer Förderungstätigkeit aus eigener Initiative führen die Banken die Aufgaben der ehemaligen regionalen Finanzierungsgesellschaften fort und haben weitere Funktionen hinzugewonnen [1]. Für die Mittelbeschaffung kommt ihnen zugute, daß sie rediskontfähige mittelfristige Wertpapiere an die Zentralbank weiterreichen können und Anleihen auflegen dürfen. Zuweisungen aus den Budgets stehen jedoch an erster Stelle.

Die Banken geben Finanzierungshilfen für Industrie, Landwirtschaft, Genossenschaften, Handel und freie Berufe. Alle wirtschaftlichen Projekte, die im Rahmen der allgemeinen Entwicklungspolitik förderungswürdig sind, dürfen sie unterstützen. Dabei kann als Grundgesetz gelten, daß die Landwirtschaftsförderung an erster Stelle steht, unter besonderer Berücksichtigung der Genossenschaftshilfen. Die Hilfe wird in Form lang- und mittelfristiger Kredite oder als Minderheitsbeteiligung am Kapital von förderungswürdigen Unternehmungen gewährt.

Die skizzierte Mannigfaltigkeit in der Aufgabenstellung darf nicht darüber hinwegtäuschen, daß die meisten Banken noch gar keine Gelegenheit gehabt haben, sich breit zu entfalten. Manche haben kaum ihr erstes Geschäftsjahr abgeschlossen. Es ist darum noch zu früh, ein abgewogenes kritisches Urteil über die bisherige Tätigkeit der Banken zu fällen. Einige typische Schwierigkeiten lassen sich dennoch bereits erkennen. Das weite Betätigungsfeld der Institute steht in auffälligem Mißverhältnis zum verfügbaren Personal und zur gegenwärtigen Organisationsstruktur. Hier, und nicht in der Knappheit an einsatzfähigen Finanzmitteln, liegt wohl zur Zeit der eigentliche Engpaß. Einige kleinere Institute (Kongo, Dahomey, Gabon, Tschad) haben bislang über 50 % der ausgereichten Kredite dem Wohnungsbau zugeführt; die Konzentration auf die Hauptstadt ist eine häufige Begleiterscheinung. In diesen Fällen kam lediglich der geringere Teil der Kredite dem wichtigsten Wirtschaftssektor, der Landwirtschaft, zugute. Als Gründe lassen sich auf der Seite der Landwirtschaft mangelhaft begründete und nicht hinreichend detaillierte Kreditanträge, oft auch einfach Unkenntnis über Finanzierungsmöglichkeiten anführen, während bei den Bankinstituten ein bedrohlicher Personalmangel herrscht, der Kreditkontrollen, Projektstudien und die Unterhaltung von ländlichen Außenstellen erschwert.

---

[1] Lediglich in Senegal und Niger versehen die Banken *nicht* das Kleinkreditgeschäft für Handwerk, Fischerei etc. und geben keine Wohnungsbaukredite, da die alten Finanzierungsgesellschaften weiterhin bestehen (vgl. S. 11).

Bei den größeren Instituten (Senegal, Kamerun, Madagaskar) steht die Landwirtschaftsförderung weit mehr im Vordergrund. Besonders erfolgreich war bisher die Tätigkeit der senegalesischen Entwicklungsbank, die seit ihrer Gründung im Jahre 1960 Kredite in Höhe von nahezu 24 Mrd. frs. CFA gewährte [1], mit einem Anteil der Landwirtschaft von über 80 %. Ebenso wie in Kamerun und Madagaskar (aber auch in der Zentralafrikanischen Republik) war die tatkräftige Förderung des Genossenschaftswesens in erster Linie bestimmend für dieses Ergebnis. Die Industriefinanzierung steht dagegen noch ganz am Anfang. Im übrigen hat sich die Hoffnung der Institute, ausländische Kapitalhilfe über die Institute zu lenken, bisher kaum erfüllt; denn die Geberländer (einschließlich der EWG) ziehen die direkte Projektfinanzierung vor, vielleicht mit Ausnahme Frankreichs. Frankreich ist jedoch über die *CCCE* an den neuen Instituten beteiligt und verfügt folglich über hinreichende Kontroll- und Einflußmöglichkeiten um eine sachgerechte und produktive Verwendung der Mittel sicherzustellen.

3. Die wachsende Bedeutung von Entwicklungsgesellschaften

Die Funktionsfähigkeit von Entwicklungsbanken und Kreditinstituten ist weitgehend abhängig davon, daß die Wirtschaftssubjekte auch wirklich Initiative entfalten, d. h. Finanzierungsvorschläge machen und Kredite nachfragen. Erst dann vermag das Institut den von ihm erwarteten Einfluß auf eine möglichst produktive Mittelverwendung auszuüben. Gewiß läßt sich einiges tun, um die Initiative anzuregen oder unvollkommene Finanzierungsanträge, die im Kern förderungswürdig sind, durch die Gewährung technischen Beistands auf einen angemessenen Stand zu bringen. Im Prinzip steht jedoch die Bankstruktur (abgesehen von den Personalproblemen) dem Versuch im Wege, die Initiative selbst zu übernehmen, d. h. Projekte auszuarbeiten und in eigener Regie durchzuführen, also gleichsam eine Eigennachfrage nach verfügbaren Krediten zu entfalten.

Die Erkenntnis dieser typischen Mängel hat zur Gründung von Entwicklungsgesellschaften in der Frankenzone geführt [2]. Noch ist ihre Zahl gering, und ihre Tätigkeit beschränkt sich im allgemeinen vorderhand auf die größeren Länder wie die Elfenbeinküste, Senegal, Madagaskar und Kamerun. An gemeinsamen Grundzügen lassen sich erkennen: Die Beteiligung französischer Unternehmen oder ihrer afrikanischen Tochtergesellschaf-

---

[1] Das übertrifft geringfügig die gesamten Kreditgewährungen aller übrigen Institute. Die *Banque Camerounaise* liegt mit rd. 6 Mrd. frs. CFA an zweiter Stelle, gefolgt von der *Banque Nationale Malgache de Développement* (vormals *Société Malgache d'Investissement et de Crédit*) mit rd. 3 Mrd.; alle sonstigen Institute erreichten bisher kaum die Milliardengrenze oder blieben erheblich darunter.

[2] In der Kolonialzeit entsprachen sie mehr der englischen Tradition, s. dazu S. 16 ff.

ten (Lösung des Personalproblems), die Beteiligung der nationalen Entwicklungsbanken oder der Kreditinstitute (Gewährleistung staatlichen Einflusses und der entwicklungspolitischen Abstimmung) sowie eine zumindest auf längere Sicht geplante Beteiligung afrikanischer Unternehmer oder der unteren gebietskörperschaftlichen Organe bzw. von Genossenschaften. Wenn man davon absieht, sehr streng zu definieren, lassen sich die bestehenden Entwicklungsgesellschaften oder die ihnen verwandten Einrichtungen je nach ihrer Aufgabenstellung in drei Gruppen ordnen:

— Die erste Gruppe von Instituten beschäftigt sich mit allgemeinen Studien, geologischen und hydrologischen Forschungen, betreibt auf dieser Grundlage *regionale Erschließungsarbeiten* und verwendet Budgetmittel und/oder ausländische Kapitalhilfe (einschl. von Zuschüssen aus dem Entwicklungsfonds der EWG) für vordringliche Einrichtungen der *Infrastruktur.* Hierzu zählen etwa die *Société d'Equipement de la Côte-d'Ivoire* (Institut Nr. 17 der tabellarischen Zusammenstellung im Anhang), die *Société Malgache d'Aménagement de la Sakay* und die *Sociéte Malgache d'Aménagement du Lac Alaotra* (s. unter Nr. 50) [1], die *Société de Développement Rizicole du Sénégal* (Nr. 73), die *Société de Développement Agricole et Industriel de la Casamance* (Nr. 74) und die *Société Dahoméenne pour le Développement Economique* (Nr. 12).

Der Schwerpunkt der Tätigkeit liegt in den meisten Fällen auf einer geplanten, allseitigen Entwicklung bestimmter Landesteile, wobei der landwirtschaftlichen Modernisierung und Verbreiterung der Produktionsstruktur (Diversifizierung) die größte Bedeutung zukommt.

— Eine zweite Gruppe von Instituten beschäftigt sich speziell im Rahmen der *technischen Hilfe,* vornehmlich auf den Gebieten der *Landwirtschaft* und des *Binnenhandels.* Hierzu zählen etwa die *Société d'Assistance Technique pour la Modernisation de la Côte-d'Ivoire* (Nr. 18), die Pflanzenschutzmittel, Düngemittel und Arbeitsgeräte auf den Kakao-, Kaffee- und Bananenplantagen zum Einsatz bringt, selbst Versuchspflanzungen (Öl- und Kokospalmen) unterhält und verarbeitende Betriebe einzurichten gedenkt; die *Société Gabonaise de Développement Rural* (Nr. 29); die *Société Nationale Congolaise de Développement Rural* (Nr. 46) mit genossenschaftlicher Zielsetzung sowie das *Bureau Central Laitier du Madagascar* (Nr. 52), das sich der Förderung der Milchwirtschaft, der Einrichtung von Molkereien und der Absatzsteigerung widmet. Die Modernisierung des Binnenhandels gehört zur Zielsetzung der *Société Nationale du Cameroun pour le Commerce, l'Industrie et le Développement* (Nr. 38) und der *Société Dahoméenne pour l'Industrie et le Commerce* (Nr. 11), an denen französische Export-Importfirmen beteiligt sind.

— Die dritte Gruppe von Instituten dient der *Industrialisierung.* Ihre Struktur verrät, daß man beginnt, die Lehren aus der jüngsten Vergangenheit zu ziehen, in der die private Wirtschaft nur zögernd investierte und ein erheblicher Teil der ver-

---

[1] Die Société Malgache d'Aménagement de la Sakay (SOMASAK) und die Société Malgache d'Aménagement du Lac Alaotra (SOMALAC) wurden als gemischtwirtschaftliche Aktiengesellschaften am 27. Februar 1960 gegründet. Die Gesellschaften verfolgen gemeinnützige Ziele, die Aktienmajorität besitzt der Staat. — Vgl. hierzu u. a. RASIDY, RENÉ: „Europe Outremer", No. 405, S. 28. — Eine dritte Gesellschaft ähnlicher Art trat am 2. Juni 1961 hinzu: die Société pour l'aménagement et la mise en valeur du Bas-Mangoky (SAMANGOKY).

fügbaren Mittel nicht in industriellen Neugründungen oder Erweiterungen, sondern auf dem Immobilienmarkt angelegt wurde. So sehen die madagassische *Société Nationale d'Investissement* (Nr. 51) und die *Société Nationale de Financement de la Côte-d'Ivoire* (Nr. 16) bzw. die *Société pour le Développement et l'Industrialisation* in der Zentralafrikanischen Republik (Nr. 93) vor, durch Steueranreize bzw. durch Gewinnabgaben und die Ausgabe von Fondsanteilscheinen Mittel der privaten Wirtschaft zusammenzufassen, gleichzeitig durch Zwangssparmaßnahmen im öffentlichen Sektor zusätzliche Mittel zu erschließen und für Unternehmensgründungen zu verwenden. Den Beteiligten wird eine Dividendengarantie gewährt. Das starke staatliche Interesse an der Industrialisierung könnte dazu führen, daß die Unternehmen notfalls mit wirtschafts- und zollpolitischen Maßnahmen unterstützt werden, um die Rentabilitätsschwelle zu erreichen. Da die meisten Staaten seit der Unabhängigkeit die Mitgliedschaft bei der Weltbank erworben haben, ist es nicht unwahrscheinlich, daß sie sich um eine Beteiligung der (der Weltbank unterstehenden) *International Finance Corporation* an ihren Entwicklungsgesellschaften bemühen werden.

4. Neue Formen der zwischenstaatlichen Zusammenarbeit

Alle ehemals französisch-beherrschten Staaten außer Guinea und Mali haben sich in der Union Africaine et Malgache und ihrer wirtschaftlichen Unterorganisation, der Organisation Africaine et Malgache de Coopération Economique, zusammengeschlossen [1].

Im Rahmen dieser Organisation bietet sich eine günstige Basis auch für die gegenseitige Abstimmung und den Informationsaustausch auf entwicklungspolitischem Gebiet, abgesehen davon, daß die Gelegenheit zum Erfahrungsaustausch ein wichtiger Faktor für die auffällige Parallelität der institutionellen Entwicklung ist.

Diese wird noch verstärkt durch die Gründung der

Association Africaine et Malgache des Banques pour le Développement

und der

Union Africaine et Malgache des Banques pour le Développement.

Beide Organisationen wurden im Jahre 1963 geschaffen und haben ihren Sitz in Yaoundé. Die *Association* verfolgt das Ziel, die technische Zusammenarbeit zwischen den nationalen Entwicklungsbanken der Mitgliedsländer anzuregen, die Rahmenbedingungen der Entwicklungsfinanzierung zu harmonisieren, den Informations- und Dokumentationsaustausch sicherzustellen sowie für die Ausbildung geeigneter Fachkräfte für die Banken der Mitgliedsländer Sorge zu tragen.

Die *Union*, die in der Spitze mit der *Association* personell verflochten ist, ist dazu ausersehen, den Zufluß von Auslandskapital aus der Entwicklungshilfe an die Entwicklungsbanken und -gesellschaften der Mitgliedsländer anzuregen bzw. zu verstärken. Sie soll Garantien für Anleihen übernehmen, die von den nationalen Organen aufgelegt werden. Um diese

---

[1] Togo, bisher nicht Mitglied, beteiligt sich de facto.

Aufgabe erfüllen zu können, wurde ein Garantiefonds von 3,2 Mill. Dollar geschaffen, in den die nationalen Organe anteilig Beiträge leisten. Als Fernziel schwebt den Gründerstaaten vor, den größten Teil der Kapitalhilfe aus Übersee über diese zwischenstaatlichen Einrichtungen laufen zu lassen. Ob sich diese Hoffnung jemals erfüllt, hängt nicht nur vom Verhalten der einzelnen Mitgliedstaaten ab, sondern auch davon, wie das Projekt einer von allen afrikanischen Staaten getragenen panafrikanischen Entwicklungsbank vorankommt, das zur Zeit mit Unterstützung der UN-Wirtschaftskommission für Afrika betrieben wird [1].

C. Entwicklungsinstitute im Commonwealth-Bereich

Hierzu gehören als a) unabhängige Staaten: Ghana, Föderation von Nigeria, Sierra Leone, Tanganyika, Uganda, Kenia, Sansibar; b) noch abhängige Gebiete: Gambia, ehem. Föderation von Rhodesien und Njassaland, Mauritius.

I. Grundzüge des institutionellen Systems

Die langjährige Vorherrschaft Großbritanniens hat die entwicklungspolitischen Einrichtungen in den afrikanischen Commonwealth-Ländern nachhaltig geprägt und institutionelle Verhältnisse geschaffen, deren gemeinsame Grundzüge klar hervortreten, wenn man die Praxis im Commonwealth und in der Frankenzone miteinander vergleicht.

In den Commonwealth-Ländern kommen zentralistische Elemente nicht so stark zum Ausdruck wie in der Frankenzone: Zwar wurden auch hier überregionale Entwicklungsinstitute gegründet, doch hatten die nationalen Institute, deren Gründung in vielen Fällen auf die Kolonialzeit zurückgeht, schon vor der Unabhängigkeit eigenständige Aufgaben. Das lag in der Linie der britischen kolonialpolitischen Tradition, auch bei institutionellen Maßnahmen so zu verfahren, daß die fortschreitende Entwicklung zur vollen politischen Selbständigkeit der einzelnen Kolonialgebiete keine abrupten Umstellungen erzwingen würde. Nach der Unabhängigkeit ist die Bedeutung der nationalen Institute noch gewachsen; nicht nur, weil ihre Zahl ständig zugenommen hat, sondern auch, weil die überregionalen Entwicklungsinstitute ihre Tätigkeit entweder beschränkt oder so modifiziert haben, daß eine Konkurrenz mit nationalen Entwicklungsinstituten vermieden wird.

Auch in den Commonwealth-Ländern haben sich die überregionalen Einrichtungen bisweilen an der Gründung nationaler Institute beteiligt und in einigen Fällen selbst die Geschäftsführung übernommen; doch befindet sich die überwiegende Mehrheit der nationalen Entwicklungsinstitute ganz in der Hand der jeweiligen Regierung. Darin besteht ein weiterer Unterschied zum entwicklungspolitischen System in der Frankenzone, wo das überregionale Institut an fast allen nationalen Entwicklungseinrichtungen beteiligt ist.

---

[1] S. Institut Nr. 1 im Anhang und die Ausführungen auf S. 46.

In den Ländern mit bundesstaatlicher Verfassung (Nigeria und bis 1963 Föderation von Rhodesien und Njassaland), bestehen neben Bundesinstituten auch Regionalinstitute.

Im Gegensatz zur Frankenzone, wo die Entwicklungsbanken im allgemeinen für die Förderung der gesamten Wirtschaft zuständig sind (Universalinstitute), arbeiten viele Institute in den Commonwealth-Ländern nur in einem oder in einer Reihe von Wirtschaftssektoren (Spezialinstitute).

Während in der Frankenzone bis vor kurzem nur Entwicklungsbanken tätig waren, arbeitet in den Commonwealth-Ländern schon lange eine Reihe von Gesellschaften, die unmittelbar Unternehmen gründen und leiten. Die Errichtung von Entwicklungsgesellschaften ist im Grunde genommen eine britische Tradition. Auch die Trennung zwischen den Funktionen einer Finanzierungsgesellschaft und einer Entwicklungsgesellschaft ist eine Widerspiegelung der klassischen britischen Bank- und Geldlehre. Diese Trennung, wie fragwürdig ihre Gültigkeit und Rechtfertigung auch sein mag, ist nicht nur bei den überregionalen, sondern auch bei den nationalen Entwicklungsinstituten spürbar.

Zusammenfassend kann gesagt werden, daß das institutionelle System der Entwicklungspolitik in den afrikanischen Ländern des Commonwealth im Vergleich zu seinem Gegenstück in der Frankenzone eine größere Mannigfaltigkeit verrät. Im folgenden werden zuerst die Struktur und die Tätigkeit der überregionalen Entwicklungsinstitute, sodann die Entwicklungsinstitute in Ländern mit föderativer Staatsverfassung und schließlich die nationalen Entwicklungsinstitute in den übrigen afrikanischen Ländern des Commonwealth dargestellt.

II. Struktur und Tätigkeit der überregionalen Institute

Als überregionale Entwicklungseinrichtungen im Commonwealth, die ihre Förderungstätigkeit nicht nur auf Afrika beschränken, bestehen die *Commonwealth Development Corporation (CDC)* und die *Commonwealth Development Finance Company (CDFC)*. Die *CDC* kann als Entwicklungsgesellschaft (Unternehmensgründung und -leitung) umschrieben werden, während die *CDFC* als eine reine Finanzierungsgesellschaft wirkt.

Vor kurzem ist im Commonwealth ein neues überregionales Entwicklungsinstitut, die *East African Industrial Promotion Services (IPS)*, in Erscheinung getreten. Wie aus dem Namen hervorgeht, sind die *IPS* im Vergleich zu *CDC* und *CDFC* nur für Ost-Afrika (Tanganyika, Uganda und Kenya) zuständig. Als eine rein private Einrichtung — und hierin liegt ein weiterer Unterschied — haben die *IPS* die Aufgabe, durch Unternehmensgründung und -leitung, Kapitalbeteiligungen, Kreditbereitstellung sowie durch technische und kaufmännische Beratung die Entwicklung aller Wirtschaftssektoren in Ostafrika zu fördern. Sieht man von der gebietsmäßigen Beschränkung ihrer Tätigkeit und von ihrer Rechtsform ab, so können die *IPS* als eine kleinere Version der *CDC* umschrieben werden.

1. Commonwealth Development Corporation (CDC)

Im Jahre 1948 wurden im Rahmen des *Overseas Development Act* des britischen Parlaments zwei verschiedenartige Entwicklungsgesellschaften, die *Overseas Food Corporation (OFC)* [1] und die *Colonial Development Corporation* gegründet. Die *Colonial Development Corporation* hatte die Aufgabe, durch die Gründung von Unternehmen, durch Kapitalbeteiligung, Kreditbereitstellung und technische Beratung die wirtschaftliche Entwicklung in denjenigen Gebieten des Commonwealth zu fördern, die im Jahre 1948 noch abhängig waren: Laut ihren Statuten war es ihr untersagt, sich in den Commonwealth-Ländern zu beschäftigen, die schon vor ihrer Gründung die Unabhängigkeit erlangt hatten (Indien, Pakistan, Ceylon). Außerdem war es ihr verboten, in den Gebieten, die im Laufe der Zeit selbständig werden sollten, neue Unternehmen zu gründen. Dieses gesetzliche Verbot hatte in den letzten Jahren die Tätigkeit der *Colonial Development Corporation* auch im afrikanischen Raum weitgehend beschränkt. Denn mit der Unabhängigkeit Ghanas, Nigerias, Britisch-Kameruns, Sierra Leones, Tanganyikas und Ugandas konnte sie auch in diesen Gebieten keine neuen selbständigen Unternehmen gründen: Sie konnte allenfalls schon begonnene Projekte weiterführen und unter gewissen Umständen bereits bestehende Projekte ausweiten. Um ihren Einfluß bei Unternehmensgründung in den inzwischen unabhängig gewordenen afrikanischen Gebieten weiterhin geltend zu machen, versuchte die *Colonial Development Corporation,* die statutmäßige Beschränkung zu umgehen, indem sie sich an der Gründung von nationalen Entwicklungsgesellschaften dieser Länder beteiligte. Anfang August 1963 wurde die *Colonial Development Corporation* durch Beschluß des britischen Parlaments in *Commonwealth Development Corporation (CDC)* umbenannt und ermächtigt, auch in den nach 1948 unabhängig gewordenen Gebieten des Commonwealth neue Entwicklungsprojekte durchzuführen.

Die *CDC* ist eine öffentlich-rechtliche Körperschaft, die ihre Geschäfte nach privatwirtschaftlichen Grundsätzen durchführt. Zur Finanzierung ihrer Tätigkeit ist sie ermächtigt, bis zu 150 Mill. £ auf lang- und mittelfristiger Basis (130 Mill. £ vom britischen Schatzamt und 20 Mill. £ von sonstigen Quellen) und 10 Mill. £ auf kurzfristiger Basis zu entleihen: Bis Ende 1962 hatte die *CDC* rd. 92 Mill. £ vom britischen Schatzamt entliehen.

Die Tätigkeit der *CDC* ist in folgende sechs Regionen aufgeteilt: Far East Region, Carribean Region, High Commission Region, East Africa

---

[1] Die *OFC* hatte die Aufgabe, die Nahrungsmittelerzeugung in den Kolonialgebieten zu fördern. In Britisch-Ostafrika führte die *OFC* zu diesem Zweck das *Tanganyika Groundnut Scheme* durch, ein groß angelegtes Programm zum Anbau von Erdnüssen. Als das Projekt im Jahre 1951 scheiterte, verwendete die *OFC* das verbliebene Vermögen zur versuchsweisen Entwicklung der mechanisierten Landwirtschaft unter tropischen Bedingungen. Seit 1955 führt die *Tanganyika Agricultural Corporation* die Aufgaben der *OFC* weiter.

Region, Central Africa Region, West Africa Region. In jeder der genannten Regionen unterhält die *CDC* einen Regional-Direktor *(Regional Controller)* sowie einen Stab von Beamten und Technikern.

Die Arbeitsweise der *CDC* enthält die folgenden Schwerpunkte:

Sie gründet Unternehmen, entweder aus eigener Initiative und mit eigenen Mitteln oder in Partnerschaft mit Privaten. Dabei versucht sie, nicht mit Privatinvestitionen in Wettbewerb zu treten, sondern diese zu ergänzen. Im Zusammenwirken mit Privaten erstrebt sie die Gründung solcher Unternehmen, die auf lange Sicht gute Aussichten haben, den Privatinvestoren allein aber zu risikoreich erscheinen.

Sie unterstützt bereits bestehende Privatunternehmen durch Kreditgewährung und technische Beratung.

Sie sorgt für die Ausbildung der einheimischen Arbeitskräfte als Techniker, Geschäftsführer usw.

Sie strebt danach, die Aktien der von ihr gegründeten Unternehmen zu einem günstigen Zeitpunkt an einheimische private Investoren zu verkaufen, um die so flüssig gewordenen Gelder für die Gründung neuer Unternehmen zu verwenden.

Sie beteiligt sich an der Gründung von Entwicklungsgesellschaften in solchen Ländern, die inzwischen unabhängig geworden sind. An den folgenden Entwicklungsgesellschaften ist die *CDC* zusammen mit den jeweiligen Regierungen beteiligt:

Investment Company of Nigeria Ltd.
Northern Development (Nigeria) Ltd.
Industrial and Agricultural Company Ltd. (Nigeria)
Sierra Leone Investments Ltd.
Tanganyika Development Finance Company Ltd.
Industrial Promotion Corporation of Rhodesia and Nyasaland Ltd.

Zur Wahrung ihrer finanziellen Interessen in den verschiedenen Regionen Afrikas hat die *CDC* zwei Tochtergesellschaften gegründet:

Development Corporation (West Africa) Ltd.
East Africa Development Corporation Ltd.

Dem erstgenannten Institut ist die Geschäftsführung der erwähnten Entwicklungsinstitute in Westafrika übertragen, an denen die *CDC* direkt beteiligt ist. Die *East Africa Development Corporation* ist damit betraut, die Verwendung der von der *CDC* in Ostafrika bewilligten Darlehen an vier Wohnungsbaugesellschaften zu überwachen.

Seit 1954 hat die *CDC* eine wichtige Rolle in Britisch-Afrika gespielt. Ihr Anteil an der wirtschaftlichen Entwicklung ist beachtlich. Das wird daraus ersichtlich, daß von ihren Gesamtinvestitionen bis Ende 1961 von rd. 84 Mill. £ etwa 56 Mill. £ in die afrikanischen Gebiete gingen, davon über 16 Mill. £ nach Ostafrika, über 20 Mill. £ nach Zentralafrika und etwa 5 Mill. £ nach Westafrika (einschließlich des ehemaligen britischen Süd-Kamerun — heute West-Kamerun) und 15 Mill. £ in die High Commission Territories Betschuanaland und Swasiland [1]. Im afrikanischen Raum

---

[1] Nach neuesten Angaben hatte die *CDC* bis Ende 1962 insgesamt 177 Mill. £ in 100 Projekten investiert. Gesonderte Zahlen über die afrikanischen Gebiete sind nicht ausgewiesen.

wurden von der *CDC* seit ihrer Gründung eine große Zahl von Unternehmen folgender Art errichtet, erweitert und finanziell unterstützt:

Landwirtschaft (Nigeria, Kenya, Njassaland, West-Kamerun)
Verarbeitende Industrie (Kenya, Tanganyika, Nord-Rhodesien, Nigeria, Swasiland)
Bergbau (Kenya, Tanganyika, Uganda)
Elektrizität (ehem. Föderation von Rhodesien und Njassaland, Tanganyika und Kenya)
Hotels (Kenya, Nigeria, Sierra Leone)
Wasserversorgung (Sierra Leone, Njassaland)
Bewässerung (Swasiland, Sierra Leone)
Maschinenbaubetriebe (Nigeria)
Wohnungsbau (Kenya, Njassaland, Süd-Rhodesien, Nigeria)
Forstwirtschaft (Tanganyika, Njassaland)
Viehzucht und Fleischverarbeitung (Betschuanaland)
Luftfahrt (Central African Airways).

2. Commonwealth Development Finance Company Ltd. (CDFC)

Die *CDFC* wurde im Jahre 1953 mit dem Ziel gegründet, durch die Gewährung von Krediten und durch technische Beratung die wirtschaftliche Entwicklung der Commonwealth-Länder zu fördern. Ende 1960 betrug ihr Grundkapital rd. 26 Mill. £, davon waren 7,3 Mill. £ eingezahlt worden. Zwar befindet sich die Mehrheit ihres Aktienkapitals in privaten Händen, doch ist auch die Bank of England — eine öffentliche Institution — (mit 45 % ?) beteiligt. Das Schwergewicht ihrer Tätigkeit liegt im Bereich der Industrie. Im allgemeinen finanziert die *CDFC* weder landwirtschaftliche noch infrastrukturelle Projekte. Auch im Bergbau hält sie sich zurück. Nur ausnahmsweise finanziert sie die öffentlichen Vorhaben. So hat sie im Zusammenhang mit der *CDC* und der Regierung von Sierra Leone die Durchführung des Gumma-Valley-Scheme (ein Wasserversorgungsprojekt) finanziert. Ebenso hat sie in der ehem. Föderation von Rhodesien und Njassaland in Partnerschaft mit der *CDC* den Bau des Kariba-Dammes finanziert. Außerdem hat die *CDFC* vor kurzem in Zusammenarbeit mit der *CDC* und den jeweiligen Landesregierungen die *Investment Company of Nigeria Ltd. (ICON)* und *Sierra Leone Investments Ltd.* gegründet.

Die *CDFC* stellt in der Regel weniger als die Hälfte des benötigten Kapitals für ein Projekt bereit. Ferner unterstützt sie den Kreditnehmer durch technische Beratung und auch bei der Suche nach Führungskräften. Solange ein Projekt sich im Entwurfsstadium befindet, erhebt die *CDFC* Gebühren für die von ihr geleistete Beratung. In der Zeit von 1953 bis 1961 wurden von der *CDFC* insgesamt 16,2 Mill. £ im Commonwealth investiert, hauptsächlich in Form von mittel- und langfristigen Krediten.

3. East African Industrial Promotion Services (IPS)

Zur Förderung der wirtschaftlichen Entwicklung Ostafrikas (Tanganyika, Uganda und Kenya) wurde im Frühjahr 1963 eine besondere Entwicklungsgesellschaft, die *East African Industrial Promotion Services (IPS)* gegründet. Die *IPS*, hinter deren Gründung Karim Aga Khan und andere einflußreiche Mitglieder sowie Körperschaften der ismaelitischen Gemeinde in Ostafrika stehen, bestehen aus vier rechtlich selbständigen Gesellschaften: *IPS (Tanganyika) Ltd.*, *IPS (Uganda) Ltd.*, *IPS (Kenya) Ltd.* und *IPS (Switzerland) S. A.* Jede Gesellschaft hat ihren Sitz in dem genannten Land. An der Spitze sind die vier Gesellschaften durch einen gemeinsamen Vorstand (mit Sitz in Nairobi) zusammengefaßt worden, um eine ständige Koordinierung zu sichern [1].

Die drei *IPS*-Gesellschaften mit Sitz in Ostafrika beschäftigen sich mit der Förderung von Unternehmen nur in ihrem jeweiligen Land. Hingegen ist die *IPS (Switzerland) S. A.* für ganz Ostafrika zuständig; sie wird Ostafrika als eine wirtschaftliche Gesamtheit betrachten und unabhängig von nationalen Interessen dort investieren, wo nach ihrer Ansicht ein Projekt dies rechtfertigt. Der *IPS (Switzerland) S. A.* kommt vor allem die Mobilisierung von Auslandskapital als wichtigste Aufgabe zu. Deshalb werden die Interessen ausländischer Kapitalgeber in den Führungsgremien der Schweizer Gesellschaft stark zum Tragen kommen.

Die Hauptaufgaben der *IPS* sind:

Gründung eigener Betriebe
Kapitalbeteiligung an einheimischen oder ausländischen Neugründungen
Kreditgewährung an bereits bestehende Unternehmen
Technische und kaufmännische Beratung in Fragen der Fabrikplanung, der Wirtschaftlichkeit der Produktion, der Organisation und Betriebswirtschaft, der Absatzmöglichkeiten, der Vertriebsplanung und Unternehmensführung usw.
Ausbildung der jungen technischen und kaufmännischen Kräfte aus Ostafrika.

Als eine auf Gewinn gerichtete Gesellschaft wird die *IPS* sich nur an wirtschaftlich aussichtsreichen Projekten beteiligen. Die Vorschläge zu jeder Investition werden von ihr sorgfältig geprüft und die ausgewählten Projekte im Rahmen einer systematischen Planung durchgeführt. Um den wirtschaftlichen Erfolg sicherzustellen, wird die *IPS* in Fällen der Partnerschaften und Kreditgewährung eng mit den betreffenden Unternehmen zusammenarbeiten und sich gegebenenfalls an der Geschäftsführung beteiligen. Für die Geschäftsführung der eigenen Betriebe werden nur hochqualifizierte Kräfte eingesetzt.

---

[1] Die Kosten des Vorstandes und seines Arbeitsstabes werden von den vier Gesellschaften zu gleichen Teilen getragen. Jedoch soll jede Gesellschaft selbständig bilanzieren sowie eigene Gewinn- und Verlustrechnungen erstellen; auch wird jede Gesellschaft unabhängig von den anderen Dividenden auswerfen, deren Höhe sich nach den wirtschaftlichen Ergebnissen richten soll.

Das Grundkapital der vier *IPS*-Gesellschaften beträgt z. Z. insgesamt 1,2 Mill. £. Nach Möglichkeit soll jede der vier Gesellschaften mit demselben Kapital ausgestattet werden. Um eine solide Grundlage für die *IPS* zu schaffen, haben sich Karim Aga Khan sowie andere einflußreiche Mitglieder und Körperschaften der ismaelitischen Gemeinde in Ostafrika verpflichtet, im Laufe von 5 Jahren einen Betrag von 800 000 £ zu zeichnen. Das Aktienkapital der *IPS* besteht aus Stamm- und Vorzugsaktien. Die Vorzugsaktien sind in erster Linie für ausländische Investoren und für Afrikaner in Ostafrika vorgesehen. Am 1. Mai 1963 wurden die Aktien der vier *IPS*-Gesellschaften zum Pari-Kurs von 10 £ ausgegeben.

III. Entwicklungsinstitute in Ländern mit föderativer Staatsverfassung

Die bundesstaatliche Verfassung in Nigeria und in der gescheiterten Föderation von Rhodesien und Njassaland hat auch die Errichtung von Entwicklungsinstituten beeinflußt. In beiden Ländern, in denen die wirtschaftliche Entwicklung eine gemeinsame Aufgabe der Bundes- und Regionalregierungen ist und jede Region ihren eigenen Entwicklungsplan aufstellt, bestehen neben Bundesinstituten auch Regionalinstitute. Die ersteren haben die Aufgabe, die wirtschaftliche Entwicklung in der ganzen Föderation zu fördern; die Tätigkeit der letzteren ist auf ihre jeweilige Region beschränkt. Da der Regionalismus in beiden Föderationen ziemlich stark ist, sind die Regionalinstitute im allgemeinen sehr aktiv und wichtiger als die Bundesinstitute.

1. Föderation von Nigeria

a) Bundesinstitute

Als Bundesinstitute arbeiteten in Nigeria bis zur Jahresmitte 1963 neben der *Investment Company of Nigeria Ltd. (ICON)* zwei Ausschüsse der Bundesregierung, der *Federal Loans Board* und der *Revolving Loans Fund for Industry.*

1956 als Nachfolger des *Colonial Development Board* gegründet, unterstand der *Federal Loans Board* dem Bundesministerium für Handel und Industrie. Seine Tätigkeit wurde aus Zuschüssen der Bundesregierung finanziert. Der Board war für die Gewährung von Krediten bis 50 000 £N an Unternehmen in der ganzen Föderation zuständig. So hatte er bis Ende Juni 1962 etwa 345 000 £N als Kredit an 54 Unternehmen weitergegeben.

Auch der seit 1959 bestehende *Revolving Loans Fund for Industry* fungierte als ein Ausschuß des Bundesministeriums für Handel und Industrie. Seine Tätigkeit wurde von einem Komitee geleitet, zu dem neben den Vertretern der Bundesministerien für Finanzwesen sowie Handel und Industrie drei Geschäftsleute gehörten. Der *Revolving Loans fund for Industry* war, wie aus seinem Namen hervorgeht, nur für die Gewährung von Krediten für industrielle Zwecke zuständig. Im allgemeine stellte er mittel- und langfristige Kredite (für 5 bis 15 Jahre) zwischen 10 000 bis 50 000 £N entweder für die Gründung neuer oder für die Modernisierung und Erweiterung bereits bestehender Industrieunternehmen zur Verfügung.

Die beiden Ausschüsse haben ihre Tätigkeit mit der Gründung der *Nigerian Industrial Development Bank (NIDB)* zu Beginn des Jahres 1964 (s. u.) eingestellt.

Unter den schon bestehenden Bundesinstituten war die *Investment Company of Nigeria Ltd. (ICON)* bisher das wichtigste Entwicklungsinstitut. Ende 1959 gegründet, hatte die *ICON* die Aufgabe, durch Kapitalbeteiligung, Kreditbereitstellung und kaufmännische Beratung die Entwicklung der Industrie in der ganzen Föderation zu fördern. Ferner hatte sie zum Ziel, Inlands- und Auslandskapital zu mobilisieren sowie inländische und ausländische Investoren zur Investierung in erfolgversprechenden Projekten anzuregen. Die *ICON* war bemüht, die von ihr übernommenen Aktien privater Investoren zu einem günstigen Zeitpunkt wieder abzustoßen, um damit den Markt für Aktien und sonstige Wertpapiere zu verbreitern. In diesem Zusammenhang hatte sie mit Unterstützung der nigerianischen Bundesregierung und in Zusammenarbeit mit der *Bank of Nigeria* (Zentralbank) in Lagos eine Börse gegründet, an der sie als Mitglied beteiligt war und für deren Geschäftsführung sie verantwortlich zeichnete.

Die *ICON* wirkte als gemischtwirtschaftliches Entwicklungsinstitut. Ihr Grundkapital betrug 5 Mill. £N; davon waren zuletzt 1 Mill. £N gezeichnet: 100 000 £N (10 %) von der *CDC*, 200 000 £N (20 %) von der *CDFC* und der Rest von privaten in- und ausländischen (überwiegend britischen) Investoren. Ende 1961 betrug die Kapitalausleihe der *ICON* insgesamt 633 500 £N (Ende 1960: 307 515 £N), davon 441 000 £N als mittel- und langfristige Kredite an 11 Unternehmen und 192 500 £N als Kapitalbeteiligung an 7 Unternehmen.

Die regionale Aufteilung gab folgendes Bild:

Bundesgebiet (Lagos) . . .	161 000 £N
Nordregion	160 000 £N
Westregion	105 000 £N
Ostregion	207 500 £N
Insgesamt	633 500 £N

Ursprünglich wollte jede Region in Nigeria ihre eigene Entwicklungsbank gründen. Im Zuge der Aufstellung eines nationalen Entwicklungsplanes 1962/68, der der Bundesregierung bei der wirtschaftlichen Entwicklung eine wichtigere Rolle einräumt, als dies bisher der Fall war, scheint es der Bundesregierung gelungen zu sein, die Regionalregierungen von der

Notwendigkeit einer gemeinsamen nationalen Entwicklungsinstitution zu überzeugen. So wurde zu Beginn des Jahres 1964 eine neue überregionale Entwicklungsbank unter dem Namen *Nigerian Industrial Development Bank (NIDB)* gegründet. Die Bank ist aus der o. g. *Investment Company of Nigeria (ICON)* hervorgegangen, deren Aktionäre — hauptsächlich englische Geschäftsbanken — einer teilweisen Umwandlung ihrer Aktien in Aktien der *NIDB* zustimmten. An der *NIDB* beteiligen sich die IFC sowie amerikanische, europäische und japanische Banken und Gesellschaften, u. a. als deutsches Institut die *Commerzbank AG*. Ebenso wie es die *ICON* war, ist auch die *NIDB* ein gemischtwirtschaftliches Unternehmen.

Das Grundkapital der Bank beträgt 5 Mill. £N, das eingezahlte Kapital 2,5 Mill £N. Ein langfristiges, zinsloses Darlehen der nigerianischen Regierung erhöht die zur Verfügung stehenden Mittel der Bank auf insgesamt 4,5 Mill. £N.

Hauptzweck der Gründung ist die Errichtung einer Entwicklungsinstitution überregionalen und privatwirtschaftlichen Charakters. Es wurde daher vereinbart, den Anteil der *IFC* als nigerianischen Besitz anzusehen. Die nigerianische Regierung und die *IFC*, deren Anteile je 22 % betragen, beabsichtigen, ihre Aktien sobald wie möglich an private nigerianische Investoren abzugeben.

Die Bank wird sich — von Ausnahmefällen abgesehen — in ihrer Investitionspolitik auf Industrie und Bergbau beschränken. Die Bank darf nur solchen Unternehmungen Kredite gewähren, deren Kapital sich in privater Hand befindet, und die schon auf Grund ihrer Größe einen bedeutenden Beitrag zur Entwicklung des Landes leisten können.

b) Regionalinstitute

Auf Empfehlung der Weltbank[1] haben die Regierungen von *Ost- und Nord-Nigeria* ihre *Loans Boards* und *Development Boards* verschmolzen. Die aus dieser Verschmelzung hervorgegangenen Institute, namentlich die *Northern Nigeria Development Corporation (NNDC)* und die *Eastern Nigeria Development Corporation (ENDC)* vereinigen in sich die Funktionen einer Entwicklungsbank und -gesellschaft: Sie befassen sich sowohl mit der Gründung und Leitung von Unternehmen als auch mit bloßer Kapitalbeteiligung und Kreditbereitstellung. Innerhalb der beiden Institute ist jedoch eine formelle und organisatorische Trennung zwischen den Funktionen einer Finanzierungsgesellschaft und einer Entwicklungsgesellschaft vorgenommen worden. Die *Northern Nigeria Development Corporation* z. B. hat für das Kreditgeschäft einen *Loan Fund* gegründet, der gesondert verwaltet wird.

[1] "The Economic Development of Nigeria", Report of the Mission organized by the IBRD. The Johns Hopkins Press, Baltimore. Third Printing 1961, S. 93.

In *West-Nigeria,* wo die Regierung die Empfehlung der Weltbank nicht als überzeugend empfand, sind nach wie vor zwei verschiedene Institute (unter geändertem Namen) tätig: die *Western Region Finance Corporation* als Finanzierungsgesellschaft und die *Western Nigeria Development Corporation* als Entwicklungsgesellschaft. Die Regierung der West-Nigeria hat ihrer *Finance Corporation* erlaubt, Aktien von privaten Unternehmen zu übernehmen und damit Einfluß auf die Leitung und Geschäftsführung solcher Unternehmen zu gewinnen. Sie hat auch dafür gesorgt, daß die beiden Institute in Zukunft eng zusammenarbeiten und ihre Erfahrungen austauschen. Trotzdem wurde hier das Prinzip der funktionellen Trennung von Finanzierungs- und Entwicklungsgesellschaft aufrecht erhalten.

In *Nord-Nigeria* arbeiten gleichzeitig zwei Entwicklungsgesellschaften; die oben genannte *Northern Nigeria Development Corporation (NNDC)* und außerdem die *Northern Development (Nigeria) Ltd.*, deren Arbeitsweise bisher genau übereinstimmte: Gründung und Leitung industrieller und landwirtschaftlicher Unternehmen, Kapitalbeteiligung, Kreditgewährung und technische Beratung.

Die *NNDC* fungiert als Organ der Regierung Nord-Nigerias. Bis vor kurzem erhielt sie ihre Mittel aus Überschüssen der verschiedenen *Marketing Boards;* zur Zeit wird ihre Tätigkeit zum großen Teil aus Zuschüssen der Regionalregierung finanziert. Die *NNDC* befaßt sich nur mit solchen landwirtschaftlichen und industriellen Projekten, die in betriebswirtschaftlicher Sicht rentabel erscheinen [1]. Das Schwergewicht ihrer Tätigkeit liegt auf der Unternehmensgründung in Partnerschaft mit den ausländischen Investoren. Da der Mangel an qualifizierten einheimischen Kräften groß ist, legt die *NNDC* besonderen Wert darauf, daß ihre ausländischen Partner das Management der Unternehmen mindestens bis zu 5 Jahren übernehmen [2].

Bis jetzt hat sich die *NNDC* an der Gründung von insgesamt 13 Unternehmen beteiligt; darunter befinden sich solche zur Herstellung von Baumwolltextilien, Haushaltwaren aus Emaille und Aluminium, Konserven (Fleisch, Tomaten, Reis), Mineralwasser, Kohlensäure, Schallplatten, Milchprodukten, Lederschuhen und Möbeln.

Die *Northern Developments (Nigeria) Ltd.* hat sich seit ihrer Gründung im September 1959 nur an zwei Projekten (Investitionen bis Ende 1961 =

---

[1] Bis vor kurzem hatte die *NNDC* auch Straßen- und Wasserversorgungsvorhaben finanziert sowie Kredite an Kommunalverwaltungen und Einzelpersonen zur Gründung von kleinen handwerklichen Betrieben gewährt. Inzwischen sind diese Funktionen aus ihrem Tätigkeitsbereich ausgeklammert worden.

[2] Wegen des Fehlens von qualifiziertem Personal mußte die im Entwicklungsplan 1962/68 vorgesehene Aufsplitterung der *NNDC* in drei selbständige Entwicklungsgesellschaften für Landwirtschaft, Industrie und Wohnungsbau vorläufig aufgegeben werden.

58 000 £N) beteiligt. Sie besteht aus einer Partnerschaft zwischen der *NNDC* und *CDC*, die an ihrem Kapital (1,2 Mill. £N) mit 40 % bzw. 60 % beteiligt sind. Außerdem hat sie von der Regionalregierung ein zinsloses Darlehen in Höhe von 25 000 £N erhalten. Für ihre Geschäftsführung ist die *Development Corporation (West Africa) Ltd.* verantwortlich.

Es ist vorgesehen, die Tätigkeit der *Northern Development (Nigeria) Ltd.* auf Kreditgewährung und technische Beratung zu beschränken und die Aufgabe der Unternehmensgründung und -leitung der *NNDC* zu überlassen.

Auch in *Ost-Nigeria* arbeiten gleichzeitig zwei Entwicklungsgesellschaften, die schon erwähnte *Eastern Nigeria Development Corporation (ENDC)* und die *Industrial and Agricultural Company Ltd. (INDAG).* Beiden Entwicklungsgesellschaften ist die Förderung *aller* Wirtschaftssektoren durch Unternehmensgründung und -leitung sowie durch Kapitalbeteiligung und Kreditgewährung gemeinsam. Während die Tätigkeit der *ENDC* — ein Organ der Regionalregierung — aus den Zuschüssen des regionalen Budgets finanziert wird, fungiert die *INDAC* als Partnerschaftsgründung der Regionalregierung und der CDC.

Bei der Betätigung der *ENDC* stehen folgende Aufgaben im Vordergrund: Die ENDC fördert bevorzugt solche Projekte, die einen möglichst günstigen Effekt auf die Zahlungsbilanz der Region ausüben, zur Einkommenserhöhung beitragen, auf lange Sicht eine Verminderung der öffentlichen Ausgaben versprechen und den natürlichen Reichtum der Region erschließen. Die Gewinnerzielung ist dabei nicht immer das wichtigste Ziel. Ferner strebt die *ENDC* danach, durch Kapitalbeteiligung und Kreditbereitstellung die private Initiative in dieser mineralreichen Region Nigerias zu erfolgversprechenden Investitionen anzuregen. Für Privatpersonen beträgt die maximale Kreditsumme 5000 £N, für Gesellschaften 10 000 £N. Gewährt werden sowohl langfristige als auch kurzfristige Kredite. Im allgemeinen stellt die *ENDC* Kredite nur dann zur Verfügung, wenn das regionale Ministerium für Handel und Industrie sich zur technischen und kaufmännischen Beratung und Überwachung bereiterklärt.

Besonders nach der Unabhängigkeit Nigerias (1. Oktober 1960) hat die *ENDC* eine große Aktivität entfaltet. Sie hat zahlreiche Unternehmen gegründet, entweder aus eigenen Mitteln oder in Partnerschaft mit privatem Kapital. Es handelt sich dabei vor allem um landwirtschaftliche Betriebe (Kokospalmen, Bananen, Kakao, Kautschuk, Cashewnüsse) sowie um Unternehmen zur Herstellung von Palmöl, Pepsi-Cola, Bier, Limonade, Textilien, Möbel, Aluminiumwaren und Zement. Außerdem hat die *ENDC* Gelder in Hotels, Bauunternehmungen und Wasserversorgungsprojekten investiert. Seit 1963 ist die *ENDC* auch im Begriff, eine ganze Reihe von gemischtwirtschaftlichen Unternehmen zu gründen.

Die *ENDC* unterhält zur Zeit nicht weniger als 100 Palmöl-Gewinnungsanlagen und zahlreiche Plantagen. Es ist vorgesehen, diese Plantagen und Ölfabriken zu einem günstigen Zeitpunkt an Private zu verkaufen. Ebenso will man auch bei den Industriebetrieben der *ENDC* verfahren.

Die *INDAG*, deren Geschäftsführung bei der *Development Corporation (West Africa) Ltd.* liegt, hat bis jetzt keine nennenswerte Rolle gespielt. Bis Ende 1961 hatte sie erst 59 000 £N in drei Projekten investiert.

In *Westnigeria* [1] wird die wirtschaftliche Entwicklung von zwei öffentlich-rechtlichen Gesellschaften, der *Western Region Finance Corporation* und der *Western Nigeria Development Corporation*, gefördert [2]. Die Tätigkeit der beiden Institute wird aus den Zuschüssen der Regionalregierung sowie der regionalen *Marketing Boards* finanziert. Beide Institute beschäftigen sich mit der Förderung *aller* Wirtschaftssektoren in Westnigeria.

Die *Western Region Finance Corporation* ist nur für die Kreditbereitstellung und Kapitalbeteiligung zuständig; dagegen liegen Unternehmensgründung und -leitung außerhalb ihres Aufgabenbereiches. Die Corporation gewährt lang-, mittel- und kurzfristige Kredite für Fristen zwischen 18 Monaten bis zu 18 Jahren. Die Kreditgewährung für Landwirtschaft und Fischerei erfolgt über 209 örtliche Boards *(Local Loans Boards)*, die durch ihren engen Kontakt mit den Kreditnehmern in der Lage sind, die Verwendung der Kreditsummen für die vorgesehenen Zwecke zu sichern und für eine termingerechte Rückzahlung Sorge zu tragen.

Bei der Tätigkeit der *Western Nigeria Development Corporation* steht die Unternehmensgründung und -leitung im Mittelpunkt. So hatte die Gesellschaft bis Ende März 1962 ca. 6,8 Mill. £N in 17 Unternehmen investiert.

Schließlich besteht in dem *Bundesgebiet Lagos* der *Lagos Executive Development Board*, der vor allem für die Beseitigung der Slums und für den Bau von Wohnhäusern und Straßen, und zwar nur im Gebiet von Lagos, zuständig ist. Der Board wird in erster Linie aus Zuschüssen der nigerianischen Bundesregierung finanziert.

Die Vielfalt der Entwicklungsinstitutionen in Nigeria erhöht naturgemäß die Gefahr einer mangelnden Koordinierung ihrer Tätigkeiten, mit-

---

[1] Nach der Abtrennung einer neuen Region „Mid-West" von der West-Region (durch Volksabstimmung im Juli 1963) ist es zunächst unklar, ob die regionalen Entwicklungsinstitute weiterhin für beide Regionen zuständig bleiben oder ob eventuell für die Mid-West-Region neue Entwicklungsinstitute gegründet werden.

[2] 1962 wurden alle 6 öffentlich-rechtlichen Gesellschaften in Westnigeria einschließlich der *Finance Corporation* und der *Development Corporation* des Mißbrauchs ihrer Geldmittel für politische Zwecke beschuldigt. Zur Klärung der Angelegenheit wurde deshalb von der nigerianischen Bundesregierung eine Untersuchungskommission mit Richter Coker als Vorsitzendem ernannt. Inzwischen wurde diese Untersuchung abgeschlossen. Einzelheiten über deren Ergebnisse waren bei Abschluß des Manuskriptes nicht bekannt.

bedingt durch den föderalistischen Aufbau Nigerias und die Organisationsform der Institute. Die Regionalinstitute haben die Empfehlung der Weltbank-Mission, die Funktion der Finanzierung und der Unternehmensgründung in einer Hand zu vereinigen, nur zum Teil befolgt. Auch in den Fällen, in denen Finanzierungs- und Entwicklungsgesellschaft rechtlich zusammengefaßt wurden, wie in Nord- und Ostnigeria, blieb die Trennung der Funktionen intern weiter bestehen.

Ebenso kann die nicht immer konsequent durchgeführte Trennung der Funktionen von Regierung und Entwicklungsinstituten zu Überschneidungen der Arbeitsbereiche führen. Es wird daher eine der wichtigsten Aufgaben der verantwortlichen Instanzen sein, Wege zu finden, um Doppelarbeit und eine unrationelle Verwendung des ohnehin zu knappen qualifizierten Personals zu vermeiden.

2. Föderation von Rhodesien und Njassaland

Gemäß einem Beschluß der Konferenz von Victoria Falls im Juli 1963 wurde die Föderation zum 31. Dezember 1963 aufgelöst. Die nachfolgend genannten Bundesinstitute werden höchstwahrscheinlich auch aufgelöst werden, oder aber ihre Tätigkeit wird auf Südrhodesien beschränkt bleiben.

a) Bundesinstitute

Als Entwicklungsinstitute, die für das Gesamtgebiet der ehemaligen Föderation zuständig waren, arbeiteten die *Industrial Promotion Corporation of Rhodesia and Nyasaland Ltd. (IPCORN)* und die *Anglo-American Rhodesian Development Corporation (AARDC)*. Während die *IPCORN* als eine gemischtwirtschaftliche Aktiengesellschaft fungierte, deren Aktienkapital von der *Bank of Rhodesia and Nyasaland* (der Zentralbank), der *CDC* sowie von in- und ausländischen Finanz- und Industriegesellschaften gezeichnet worden ist, bestand die *AARDC* aus einer Partnerschaft zwischen zwei Privatgesellschaften, der *Anglo-American Corporation of South Africa Ltd.* und der *Rhodesian Anglo-American Ltd.*

Die *IPCORN* arbeitete bisher als Entwicklungsgesellschaft. Das Schwergewicht ihrer Tätigkeit lag auf der Gründung neuer Industriebetriebe sowie der Erweiterung und Modernisierung bereits bestehender industrieller Unternehmen. Dagegen wirkte die *AARDC* als Entwicklungsbank mit der Aufgabe, solchen privaten und staatlichen Unternehmen finanzielle Unterstützung zu gewähren, die einheimische Rohstoffe verarbeiteten. Somit war die Tätigkeit beider Entwicklungsinstitute im Grunde genommen auf den industriellen Sektor beschränkt.

Seit ihrer Gründung im Jahre 1959 bis Ende Juli 1961 hatte die *IPCORN* 529 600 £ in verschiedenartige Unternehmen investiert, darunter solche zur Herstellung von Strickwaren, Textilien, Ziegeln und Papier. Einzelheiten über die Tätigkeit der *AARDC* sind nicht bekannt.

b) Regionalinstitute

Südrhodesien besitzt zwei Entwicklungsinstitute, die *Land and Agricultural Bank of Southern Rhodesia* und den *Southern Rhodesia Industrial Development Board,* die als kreditgewährende Institute für Landwirtschaft bzw. Industrie fungieren.

In *Nordrhodesien* war bisher neben zwei kreditgewährenden Instituten (für die Landwirtschaft und für die Industrie) auch eine Entwicklungsgesellschaft, die *Northern Rhodesia Industrial Development Corporation,* tätig. Als staatliche Aktiengesellschaft bemühte sich dieses Institut um die Entwicklung aller Wirtschaftssektoren durch Kapitalbeteiligung und Kreditgewährung.

In *Njassaland* war die Tätigkeit der beiden hier tätigen Institute, des *Nyasaland African District Loans Board* und des *Land and Agricultural Loans Board,* auf die Kreditgewährung für landwirtschaftliche Zwecke beschränkt. Während der zuerst genannte Board die afrikanischen Bauern unterstützte, gewährte der zweite Board Kredite fast ausschließlich an Europäer.

Anfang 1964 wurde die Errichtung einer *Entwicklungsbank* in Njassa-Land erwogen. Sie sollte vom Staat finanziert werden, wirtschaftlich unabhängig arbeiten und Einfluß auf die Privatwirtschaft ausüben. Neben der Förderung landwirtschaftlicher Betriebe und Einrichtungen sollte zu ihren Aufgaben auch die Unterstützung kommerzieller, industrieller und bergbaulicher Unternehmen gehören.

IV. Nationale Entwicklungsinstitute in den übrigen afrikanischen Commonwealth-Ländern

1. Uganda

In Uganda ist ein einziges Institut mit der Förderung der wirtschaftlichen Entwicklung betraut worden[1]. 1952 als eine *Limited Liability Company* gegründet, bildet die *Uganda Development Corporation (UDC)* das beste Beispiel für eine vereinigte Entwicklungs- und Finanzierungsgesellschaft in Tropisch-Afrika. Während der vergangenen neun Jahre ist die *UDC* die Haupttriebfeder der wirtschaftlichen Entwicklung in diesem ostafrikanischen Staat gewesen. Ihre Tätigkeit erstreckt sich auf alle wirtschaftlichen Bereiche: sie fördert die Entwicklung der Landwirtschaft, der Industrie, des Bergbaus, des Hotelwesens, der Bauwirtschaft und des Bankwesens. Die Hauptaufgaben der *UDC* sind:

Gründung von Unternehmen aller Art auf Grund eigener Initiative und mit eigenem Kapital *(subsidiary companies)*

[1] Die *Uganda Credit and Savings Bank* ist nur für die Gewährung von Kleinkrediten zuständig und spielt deshalb keine nennenswerte Rolle bei der wirtschaftlichen Entwicklung des Landes.

Gründung von Unternehmen in Zusammenarbeit mit privaten Unternehmen *(associated companies)*

Gewährung von Krediten an Private für Modernisierung und Reorganisation der bereits bestehenden Unternehmungen

Bereitstellung von industriellen Kleinkrediten

Untersuchung der Entwicklungsmöglichkeiten im Lande

Technische Beratung.

Das Kapital der *UDC* in Höhe von 7,4 Mill. £ ist ausschließlich in den Händen der Regierung, die der Gesellschaft praktisch die wirtschaftliche Planung übertragen hat. Die *UDC* unterhält eigene Forschungsinstitute, sie berät ausländische Investoren über die Rentabilitätsaussichten geplanter Investitionen und beteiligt sich ihrerseits an wirtschaftlich sinnvollen Projekten. So ist sie heute an 29 Unternehmen beteiligt; sie betreibt 8 Hotels und zwei Rasthäuser.

Bisher lag das Schwergewicht ihrer Tätigkeit auf der Gründung und Leitung von Unternehmen. Von ihren Gesamtinvestitionen in Höhe von rd. 8,4 Mill. £ (bis zu Beginn des Jahres 1962) verwendete sie etwa 5,4 Mill. £ für die Gründung von 9 Tochtergesellschaften *(subsidiary companies)*. Auf lange Sicht strebt die *UDC* danach, den Aktienbesitz und damit die Geschäftsführung dieser *subsidiary companies* zu einem günstigen Zeitpunkt an private Investoren abzugeben.

In Zukunft soll eine zweite Institution an die Seite der *UDC* treten, die *Finance Development Company of Uganda,* deren Gründung im März 1964 vorbereitet wurde und an der sich die Deutsche Gesellschaft für wirtschaftliche Zusammenarbeit mit 5,6 Mill. DM beteiligen sollte — entsprechend den Vorbildern in Tanganyika und Kenya (vgl. hierzu die Ausführungen über Tanganyika, S. 33 und Kenya, S. 31.

2. Kenya

In Kenya war es bisher die *Kenya Industrial Development Corporation*, die es sich zur Aufgabe gemacht hatte, die Ansiedlung neuer Industrien zu fördern. Sie ging 1963 in das zehnte Jahr ihres Bestehens (1954 gegründet) und wurde ausschließlich von der Regierung unterhalten. Sie war weniger als die Entwicklungsgesellschaft in Uganda und auch als die gleichartigen Institutionen in Tanganyika bereit, selbst als Unternehmer aufzutreten oder langfristig eine Teilhaberschaft zu übernehmen. Die *KIDC* beschränkt sich darauf, finanzielle Starthilfen für junge Industrieunternehmen zu geben, diesen in den ersten Jahren ihres Bestehens behilflich zu sein, dann aber ihren Kapitalanteil wieder herauszuziehen. Es war bisher nicht ihr Anliegen, im Falle fehlender Privatinitiative eigene Produktionsbetriebe ins Leben zu rufen. Es ist zu erwarten, daß sich mit der Unabhängigkeit Kenyas (12. Dez. 1963) auch hier Änderungen ergeben werden, die in Richtung der Entwicklung in Uganda und Tanganyika laufen dürften. Die Begrenztheit der Tätigkeit der *KIDC* im Vergleich zur *Uganda Development Corporation* läßt sich schon aus der Höhe ihrer finanziellen Engagements ablesen: Mitte 1962 beliefen sich ihre Investitionen auf 127 000 £ und ihre Darlehen auf knapp 200 000 £, d. i. nur ein Bruchteil der Summen, die die *Uganda Development Corporation* bis dahin eingesetzt hatte.

Zur Förderung der Landwirtschaft bestanden bisher in Kenya drei staatliche Institute:

Die *Land and Agricultural Bank,* gegründet 1942. Sie gewährte kurz- und mittelfristige Kredite, gewöhnlich gegen Sicherheit von Landbesitz, und war im wesentlichen ein Finanzierungsinstrument für die weißen Siedler.

Der *Land Development Board* verfolgte bis vor kurzem hauptsächlich die Ansiedlung von Afrikanern. Zur Zeit ist das Institut als Koordinierungs- und Beratungsstelle für die landwirtschaftliche Entwicklung tätig.

Der *Joint Loans Board* befaßte sich mit der Gewährung von Krediten an Genossenschaften und einzelne Farmer. Um die Kreditnachfrage besser befriedigen zu können, wurden in zwei besonders wichtigen Provinzen, der Nyanza-Provinz und der Zentralprovinz, Filialen gegründet (Distriktboards).

So zeichnete sich Kenya bis 1963 durch das Fehlen einer zentralen Entwicklungsinstitution aus, durch die Beschränkung auf bestimmte Wirtschaftssektoren und durch eine Streuung der einzelnen Institutionen, ganz im Gegensatz zu Uganda.

Eine neue Phase wurde 1963 mit der politischen Verselbständigung Kenyas eingeleitet: Nach dem Muster der *Tanganyika Development Finance Company Ltd.* (s. u. S. 33) wurde im Laufe des Jahres 1963 eine neue, zentrale Entwicklungsgesellschaft auch in Kenya vorbereitet und Ende 1963 gegründet, die *Development Finance Company of Kenya Ltd.* Struktur, Funktion und Arbeitsweise sind die gleichen wie bei der TDFC; auch sie wird über ein Kapital von 1,5 Mill. £ verfügen, zu gleichen Teilen aufgeteilt auf drei Partner, unter denen die Bundesregierung über die Deutsche Gesellschaft für wirtschaftliche Zusammenarbeit vertreten ist. Die beiden anderen Partner sind die Commonwealth Development Corporation und die Kenya Industrial Development Corporation (vgl. Anhang Nr. 44 a).

Auch für die landwirtschaftliche Entwicklung wurde neuerdings eine Zentralinstitution geschaffen, die *Agricultural Finance Corporation (AFC).* Dieses Finanzierungsinstitut wurde im Herbst 1963 auf Anraten der Weltbank gegründet mit dem Ziel, die Kreditgewährung an die Landwirtschaft zusammenzufassen, eine bessere Koordination zu erreichen und Verwaltungskosten zu sparen (vgl. Anhang lfd. Nr. 44 b). Im Laufe der Zeit sollen die übrigen, jetzt noch tätigen und nebeneinander arbeitenden Institute ihre

Funktionen auf die *AFC* übertragen. Vorläufig befaßt sich die *AFC* hauptsächlich mit der Gewährung von Kleinkrediten in Gegenden, die bisher entwicklungsmäßig vernachlässigt waren.

3. Tanganyika

Tanganyika nahm bisher eine Zwischenstellung zwischen den in Uganda und Kenya üblichen Institutionen und Verfahren ein. Zugleich zeigten sich hier erfolgversprechende Ansätze zu einer Weiterentwicklung über den bis dahin in Ostafrika erreichten Stand hinaus.

Auch in Tanganyika bestand seit vielen Jahren (1951) eine *Land Bank,* die kurz- und mittelfristige Kredite für landwirtschaftliche Zwecke gewährte und die ebenfalls in erster Linie nichtafrikanische Farmer bediente. Dazu trat 1955 die o. e. *Tanganyika Agricultural Corporation (TAC),* eine ausgesprochene Entwicklungsgesellschaft in dem Sinne, als das Schwergewicht ihrer Tätigkeit auf der Durchführung und Verwaltung öffentlicher Projekte zur Entwicklung der Landwirtschaft lag. Die *TAC* wurde 1955 als staatliche Einrichtung gegründet, um die *Overseas Food Corporation* (vgl. S. 18) bei ihrer Tätigkeit in Tanganyika abzulösen. Sie betreute bisher — abgesehen von der Nutzbarmachung des Landes, das seinerzeit durch das Erdnuß-Projekt *(Groundnut-Scheme)* aufgeschlossen worden war, — staatliche Viehfarmen, bäuerliche Siedlungsprojekte und die wissenschaftlichen Untersuchungen zur Erschließung des Rufidji-Beckens. Vorschläge für ihre Umgestaltung und bessere Anpassung an die neuen politischen Verhältnisse wurden von der Weltbank ausgearbeitet [1].

Um die Entwicklung der Landwirtschaft voranzutreiben und speziell die afrikanischen Bauern zu fördern, wurde vor kurzem ein neues Institut gegründet, die *Agricultural Credit Agency (ACA).* Es ist dies eine Finanzierungsgesellschaft, die kurz- und mittelfristige Kredite an Bauern und Fischer zur Anschaffung von Geräten und Maschinen erteilen soll. Sie hat zunächst aus dem Nationalfonds Tanganyikas einen Betrag in Höhe von 30 000 £ erhalten [2]. Darüber hinaus beantragte sie bei der *International Development Agency* einen langfristigen Kredit in Höhe von 1,25 Mill. £.

Zur Förderung speziell der industriellen Entwicklung hat der junge Staat 1962 die *Tanganyika Development Corporation (TDC)* gegründet.

---

[1] Vgl. hierzu "The Economic Development of Tanganyika", Report of a Mission organized by the IBRD. Baltimore 1961, S. 224—226, S. 497/498.

[2] Anläßlich der Unabhängigkeitserklärung wurde in Tanganyika ein Nationalfonds geschaffen. Dieser Fonds, der aus Spenden von Privaten, Gesellschaften und Verbänden entstanden ist, hatte Mitte 1963 einen Betrag von etwa 100 000 £ erreicht. Die Mittel aus dem Nationalfonds sollten nach folgendem Schlüssel verteilt werden: 50 % an die *ACA,* 25 % für die Dorfentwicklung und 25 % für den Dreijahresplan.

Ihr Grundkapital in Höhe von 500 000 £ wurde vom Staat aufgebracht. Die *TDC* konzentriert ihre Bemühungen auf den Aufbau afrikanischer Betriebe, unterstützt diese mit Krediten oder übernimmt selbst die Initiative zur Gründung solcher Betriebe. Gewisse innerpolitische Überlegungen spielen bei der Aktivität dieser Gesellschaft eine Rolle, wenn auch das wirtschaftliche Moment im Vordergrund steht oder stehen soll. Die *TDC* wird sich nicht auf die Förderung der Industrialisierung des Landes beschränken. Zu ihren Aufgaben gehört es in gleicher Weise, die wirtschaftliche Entwicklung Tanganyikas durch Kapitalbeteiligung und Kreditbereitstellung an landwirtschaftlichen und kommerziellen Unternehmen zu fördern.

Neben sie ist kürzlich eine weitere Institution mit ähnlich klingendem Namen getreten, die *Tanganyika Development Finance Company Ltd. (TDFC).* Diese ist insofern interessant, als sich in dieser Gesellschaft eine spezielle Form der Entwicklungshilfe der Bundesrepublik äußert und entsprechende Finanzierungsgesellschaften inzwischen auch in Kenya und Uganda gegründet wurden. An der *TDFC* ist nämlich die Bundesrepublik über die *Deutsche Entwicklungsgesellschaft* mit einem Drittel des Kapitals beteiligt, während das zweite Drittel von der britischen *Commonwealth Development Corporation* gestellt wird und das letzte Drittel von der Regierung von Tanganyika (je 500 000 £). Weiter ist interessant und neuartig, daß die *TDFC* grundsätzlich anderen Ländern zur Beteiligung offen steht. Ihr Ziel ist das gleiche wie das der *TDC*, jedoch mit dem Unterschied, daß die *Finance Company* ihre Entscheidungen nach streng kommerziellen Gesichtspunkten fällt. Die drei Gründungsmitglieder der *TDFC* sind im Direktorium mit je zwei Delegierten vertreten, d. h. daß auch zwei Deutsche dazu gehören.

Nach den Vorstellungen der Gründer dieser Organisation sollte mit der *TDFC* eine Institution geschaffen werden, um das private Unternehmertum so zu fördern, wie es dem Gesamtwohl des Landes entspricht. Dies soll geschehen durch finanzielle Hilfe und Beratung potentieller Investoren und Industrieller, möglicherweise auch durch Partnerschaften. Die Aktivität der *TDFC* richtet sich vornehmlich auf die Gründung solcher Unternehmen, die die natürlichen Hilfsquellen des Landes nutzen. Daneben kommen auch Wohn- und Industriebauten, Hotelbauten u. ä. in Betracht, sofern die Projekte kommerziell und gewinnbringend betrieben werden. Die *TDFC* wird jedoch keine Infrastruktur-Projekte finanzieren.

In der finanziellen Mitwirkung bei derartigen Projekten soll die *TDFC* so beweglich wie möglich bleiben. Sie wird daher auf alle Formen der normalen Projektfinanzierung eingehen. Darunter fallen mittel- und langfristige Kredite ebenso wie Kapitalbeteiligungen durch Übernahme von Aktien, Übernahme von Schuldscheinen usw. Die kurzfristige Finanzierung wird jedoch dem Bankgewerbe überlassen.

Macht die Beteiligung der *TDFC* einen wesentlichen Teil der Gesamtfinanzierungskosten aus, so behält sich die Gesellschaft das Recht vor, an der Kontrolle des Unternehmens teilzunehmen — etwa in der Form, daß sie einen Direktor in die Geschäftsleitung entsendet.

Die Grundsätze für die finanzielle Beteiligung der *TDFC* lassen sich wie folgt zusammenfassen:

Das Projekt muß im Interesse der wirtschaftlichen Entwicklung des Landes liegen; das bedeutet, es muß zur Steigerung des Lebensstandards beitragen, es muß Arbeits- und Ausbildungsplätze schaffen, Devisen einsparen helfen u. ä. m.
Das Vorhaben muß kommerziell gesund sein.
Das Vorhaben darf nicht im Widerspruch stehen zur erklärten Regierungspolitik.
Alle Investitionsaufwendungen und Rückzahlungen erfolgen in örtlicher Währung.
Investitionen werden nur für bestimmte Zwecke vorgenommen.
Ein geeignetes Management muß gestellt werden.
Die Pläne sollen eine umfassende Ausbildung von Tanganyikanern für ein Aufrücken in alle Posten vorsehen.
Von den Investoren wird ein wesentlicher Kapitalanteil erwartet.
Die Beteiligung der Gesellschaft beträgt wenigstens 10 000 £.

Kredite werden in der Regel auf 5—15 Jahre gewährt, in Ausnahmefällen auch über kürzere oder längere Zeiträume. Die Rückzahlung kann in Jahresraten erfolgen nach einer zahlungsfreien Entwicklungsperiode, während der lediglich Zinsen zu entrichten wären. Die Höhe der Zinsen hängt ab von den gewährten Sicherheiten, den Risiken, der Größe des Kredits und den jeweiligen kommerziellen Zinssätzen.

4. Ghana

In Ghana geht die Errichtung von Entwicklungsinstituten bereits auf das Jahr 1948 zurück, als eine *Agricultural Development Corporation* von der damaligen Kolonialregierung gegründet wurde. Im Jahre 1952 wurde die Corporation von einem neuen Institut, der *Agricultural and Fisheries Development Corporation,* abgelöst. Etwa drei Jahre später wurde diese Institution mit dem seit 1949 bestehenden *Agricultural Produce Marketing Board* verschmolzen. Das aus dieser Verschmelzung hervorgegangene Institut, die *Gold Coast Agricultural Development Corporation* (seit der Unabhängigkeit Ghanas im Jahre 1957 *Ghana Agricultural Development Corporation*), betrieb nunmehr:

Gründung von landwirtschaftlichen Betrieben, Fischereibetrieben und Geflügelfarmen
Förderung der Absatzmöglichkeiten für Agrarerzeugnisse
Gewährung von Krediten für landwirtschaftliche Zwecke
Förderung des Genossenschaftswesens
Verteilung von Nahrungsmitteln
Errichtung von Kühl- und Lagerhäusern

Den Empfehlungen von Professor A. LEWIS zufolge engagierte die Gesellschaft 1959 den früheren stellvertretenden General Manager des Sudan Gezira Board (A. F. WATT), um die Gründung von landwirtschaftlichen Kleinbetrieben nach dem Gezira-(Sudan)-Modell voranzutreiben.

Um die Entwicklung der Industrie zu beschleunigen, hatte die Kolonialregierung im Jahre 1951 ein zusätzliches Institut, die *Gold Coast Industrial Development Corporation*, gegründet (seit der Unabhängigkeit umbenannt in *Ghana Industrial Development Corporation*). Ihre Zielsetzung und Arbeitsweise entsprachen völlig denen der *Uganda Development Corporation:*

Gründung von Industrie- und Dienstleistungsgesellschaften auf Grund eigener Initiative und aus dem ihr gewährten Kapitalfonds *(subsidiary companies)*

Gründung von Unternehmen in Zusammenarbeit mit privaten Unternehmen *(associated companies)*

Bereitstellung von Entwicklungskleinkrediten

Techniker- und Managerschulung.

Wie im Falle der *Uganda Development Corporation* stand die Errichtung von *subsidiary companies* im Vordergrund der Tätigkeit der *Ghana Industrial Development Corporation (GIDC)*. Bis Ende 1960 hatte die *GIDC* 19 *subsidiary companies* mit einer Gesamtinvestition von 3,7 Mill. £G gegründet. Auch die *GIDC* zielte darauf ab, das Wachstum des privaten Sektors der Wirtschaft anzuregen und zu unterstützen: der *GIDC* war es von der Regierung ausdrücklich verboten, nicht selbst in solchen Wirtschaftszweigen tätig zu sein, die in Ghana bereits auf privater Grundlage befriedigend ausgefüllt worden waren, es sei denn, um technischen Neuerungen zum Durchbruch zu verhelfen.

Ende 1961 wurden beide Entwicklungsgesellschaften aufgelöst und ihre Vermögen sowie ihre Funktionen von Regierungsstellen übernommen [1]. Sie wurden aufgelöst, weil sie sich aus verschiedenen Gründen (Durchführung von unrentablen Projekten, Gewährung von Krediten an nicht kreditwürdige Unternehmen, hohe laufende Kosten etc.) als unrentabel erwiesen hatten [2].

Anfang 1963 wurde in Ghana eine neue Entwicklungsbank, die *National Investment Bank* gegründet. Die Bank, deren Planung und Vorarbeiten mit Unterstützung der amerikanischen *Agency for International Development*

---

[1] Die Leitung der von den beiden Entwicklungsgesellschaften gegründeten Unternehmen liegt nunmehr beim Ministerium für Industrie, während die Kontrollfunktion von der staatlichen Kontrollkommission wahrgenommen wird. Eine nationale Plankommission entscheidet über Projektplanung und Prioritäten.

[2] Wie z. B. aus dem Jahresbericht der *GIDC* für 1960 hervorgeht, hatten von ihren 19 Tochtergesellschaften *(subsidiary companies)* nur 5 Gewinne erzielt (insgesamt 57 035 £G), während die übrigen 14 mit Verlust gearbeitet hatten (insgesamt 131 331 £G).

(AID), Vertretern der Weltbank und Beamten der UN erfolgte, hat die folgenden Aufgaben:

Sie soll industrielle, landwirtschaftliche, kommerzielle und andere Unternehmungen bei ihrer Errichtung und ihrem Ausbau durch Kapitalbeteiligung und Kreditgewährung unterstützen.

Sie soll als Bindeglied zwischen in- und ausländischen Investoren fungieren und die Beteiligung in- und ausländischen Kapitals an Unternehmen industrieller, landwirtschaftlicher und kommerzieller Art anregen und erleichtern.

Sie soll kleineren einheimischen Betrieben bei der Beschaffung von Kapital aus dem In- und Ausland helfen und sie bei der Geschäftsführung beraten.

Das Grundkapital der Bank, die auf rein kommerzieller Basis arbeiten soll, beträgt 10 Mill. £G; davon sollen insgesamt 7,5 Mill. £G vom Staat und 2,5 Mill. £G von privaten Investoren aufgebracht werden. Das eingezahlte Kapital beträgt vorläufig 5 Mill. £G; davon wurden 2,5 Mill. £G vom Staat und die andere Hälfte von Privatbanken, Versicherungsgesellschaften und sonstigen privaten Unternehmen gezeichnet.

Die Grundzüge für die Finanzgebarung der *National Investment Bank* lassen sich wie folgt zusammenfassen:

Die Bank wird nur solche Projekte finanziell fördern, die

— kommerziell gesund und technisch einwandfrei sind
— eine geeignete Geschäftsführung haben
— zusätzliche Arbeitsplätze schaffen.

Nicht finanziert werden solche Projekte, die entweder zur Monopolbildung oder zu spekulativer Betätigung führen können.

Die Bank wird es im allgemeinen vermeiden, sich durch die Gewährung von Krediten oder durch den Erwerb von Aktien an der Geschäftsleitung von Unternehmen zu beteiligen. Sie behält sich aber gleichzeitig das Recht vor, für eine einwandfreie kommerzielle und technische Leitung der von ihr unterstützten Unternehmen Sorge zu tragen.

Um gleichzeitig möglichst viele Unternehmen finanziell unterstützen zu können, wird die Bank

— nicht mehr als 10 % ihres eingezahlten Kapitals in Stamm- und Vorzugsaktien eines bestimmten Unternehmens investieren;
— nicht mehr als 10 % ihres eingezahlten Kapitals und ihrer Darlehenssumme in einer bestimmten Branche anlegen;
— im allgemeinen höchstens bis zu 75 % der Gesamtkosten eines einzelnen Projektes übernehmen;
— die gewährten Darlehen weder für die Zeichnung von Stamm- noch von Vorzugsaktien verwenden.

Die Bank wird nur mittel- und langfristige Kredite (für 3—15 Jahre) in Einzelbeträgen von mindestens 5000 £G bis zu höchstens 100 000 £G gewähren und garantieren, die in gleichbleibenden Raten zurückgezahlt werden müssen.

Die von der Bank gezeichneten Aktien sollen zu einem günstigen Zeitpunkt an private Investoren verkauft werden.

Außerdem wird die Bank Investoren beraten, was die Projektplanung sowie die kaufmännische und technische Leitung angeht; sie wird die Entwicklungsmöglichkeiten des Landes untersuchen und auf diese Möglichkeiten aufmerksam machen. Die Bank hat zu diesem Zweck ein *Development Service Institute* gegründet. Das Institut führt Vor- und Nachuntersuchungen im Zusammenhang mit der Finanzierung durch; es überprüft die Kreditwürdigkeit, die kommerzielle Eignung und die technische Durchführbarkeit der anhängigen Projekte. Es hat außerdem nachträglich festzustellen, ob die gewährten Mittel auch wirklich für den beantragten Zweck verwendet wurden und mit welchem Erfolg.

Im Rahmen des neuen Siebenjahres-Planes (1963/64—1969/70) ist der *National Investment Bank* eine zentrale Stellung eingeräumt worden. Es ist beabsichtigt, die im Plan vorgesehenen öffentlichen Investitionen zum großen Teil über die Bank laufen zu lassen.

5. Sierra Leone

Bis vor einigen Jahren war in Sierra Leone der *Development of Industries Board* (1947 gegründet und 1957 reorganisiert) das einzige Institut zur Gewährung von Krediten an industrielle und landwirtschaftliche Unternehmen. Als im Jahre 1960 als zusätzliche Institution der *Agricultural Credit Board* gegründet wurde, reorganisierte man den *Development of Industries Board* mit dem Ziel, seinen Aufgabenbereich auf den industriellen Sektor zu beschränken. Seitdem arbeiten die beiden Boards, wie schon aus ihren Namen hervorgeht, für sich, entweder auf dem industriellen oder auf dem landwirtschaftlichen Sektor. Sie unterstehen dem jeweils zuständigen Ministerium und erhalten zur Finanzierung ihrer Tätigkeit Zuschüsse vom Staat.

Bei der Gewährung von Krediten arbeiten beide Boards wie folgt: Die Kreditsuchenden erhalten Antragsformulare, die sie ausfüllen und einreichen müssen. Man erwartet von den Antragstellern genaue Angaben besonders über:

den Verwendungszweck der Darlehen
die gebotene Sicherheit
die Erfahrung der Antragsteller im Bereich der vorgesehenen Tätigkeit
die Absatzmöglichkeiten.

Nach Eingang des Antrages werden die Angaben zunächst im Board nachgeprüft; sodann wird der Antragsteller von einem der Angestellten des Boards besucht, um den Fall an Ort und Stelle genau zu untersuchen. Vor der endgültigen Entscheidung werden gegebenenfalls Fachleute auch von anderen Ministerien um ihre Meinung gebeten.

Während der *Development of Industries Board* nur eine Zentrale in Freetown hat, unterhält der *Agricultural Credit Board* vier Zweigstellen — je eine in jeder Provinz und eine auf der Halbinsel. Um den wirtschaftlichen Einsatz der Kreditsumme zu sichern und die Gefahr einer unproduktiven Verwendung der Gelder zu verringern, werden die Kredite gewöhnlich in Form von Sachkapital (Maschinen, Geräte, Düngemittel usw.) gewährt. Bares Geld wird nur selten gegeben.

Bis jetzt konnten die beiden Boards nur eine begrenzte Zahl von Krediten bewilligen. Der Hauptgrund dafür ist nicht das beschränkte Kapital, das den Boards zur Verfügung steht, sondern der Mangel an kreditwürdigen Projekten. So konnte z. B. der *Agricultural Credit Board* von etwa 400 eingereichten Anträgen nur 90 bewilligen. Mitte 1963 bestanden Bestrebungen, die Boards in eine *Industrial Bank* bzw. eine *Agricultural Bank* umzuwandeln.

Zur Förderung der wirtschaftlichen Entwicklung Sierra Leones wurde im Jahre 1961 von der Regierung und der *Commonwealth Development Corporation* die *Sierra Leone Investments Ltd.* gegründet. Ihr Grundkapital beträgt 350 000 £; davon wurden 150 000 £ vom Staat und 200 000 £ von der *Commonwealth Development Corporation* aufgebracht. Für ihre Geschäftsführung ist die *Development Corporation (West Africa) Ltd.* verantwortlich. Hauptaufgabe der *Sierra Leone Investments Ltd.* ist es, die Errichtung und Erweiterung industrieller und landwirtschaftlicher Unternehmen zu fördern und zu unterstützen. Sie ist auch ermächtigt worden, Unternehmen anderer Art (z. B. Hotelwesen, Wohnungsbau, Fischerei usw.) finanziell zu unterstützen, sofern diese auf kommerzieller Basis errichtet und betrieben werden.

6. Der Sonderfall Süd-Kamerun

Im ehemals britisch verwalteten Mandatsgebiet Süd-Kamerun (jetzt West-Kamerun) hat sich die institutionelle Entwicklung nicht anders als in den übrigen Commonwealth-Ländern vollzogen. Die Kolonialregierung schuf die folgenden Institute:

— *Cameroons Development Corporation* (1947)
— *West-Cameroons Development Agency* (1957); früher *Southern Cameroons Development Agency*).

Die *Cameroons Development Corporation* erhielt ihre Mittel von der nigerianischen Regierung, von der Regierung von Süd-Kamerun und von der *Commonwealth Development Corporation.* Ihr Aufgabenbereich war sehr weit gespannt:

Anlage von Bananen-, Ölpalmen-, Gummi-, Kakao-, Tee- und Pfefferplantagen [1]
Gründung von Betrieben zur Verarbeitung von Gummi und Palmfrüchten
Eigenes Transportsystem
Förderungsaufgaben im Erziehungs- und Gesundheitswesen.

[1] Rund 40 % der Bananenexporte und 80 % der Palmölexporte Kameruns stammen aus Plantagen der *Cameroons Development Corporation.*

Das Institut wurde 1960 in eine Aktiengesellschaft umgewandelt. Seitdem liegt die Geschäftsführung bei der *Commonwealth Development Corporation*. Obwohl Süd-Kamerun auf Grund einer Volksabstimmung seit dem 1. Oktober 1961 mit der ehemals französisch verwalteten Republik Kamerun vereinigt wurde und seitdem nicht mehr zum Commonwealth gehört (seit dem 1. April 1962 auch nicht mehr zum Sterlingblock), ist die *Cameroons Development Corporation* in einer geänderten Form nach wie vor tätig.

Die *West Cameroons Development Agency* wurde schon vor der Vereinigung Süd-Kameruns mit der Republik Kamerun ausschließlich durch die jährlich schwankenden Zuschüsse des *Southern Cameroons Marketing Board* finanziert und von der Regionalregierung kontrolliert. Ihre Aufgaben erstrecken sich auf:

Anlage von Kaffeeplantagen
Gründung von Sägewerken und forstwirtschaftlichen Betrieben
Errichtung von Fischfang- und Fischverarbeitungsbetrieben
Gewährung von Zuschüssen an die Regierung für den Anbau von Kakao und die Entwicklung des Genossenschaftswesens
Kreditgewährung an Privatunternehmen (zu diesem Zweck hat die Agency ein *„Loans Committee“* und sechs *„Devisional Loans Boards“* gegründet).

In der Republik Kamerun stoßen diese Institute nunmehr auf regionaler Basis (Zuständigkeit für West-Kamerun) zu den beiden aus der französischen Tradition entstandenen Entwicklungskörperschaften, der *Banque Camerounaise de Développement* und der *Société Nationale du Cameroun pour le Commerce, l'Industrie et le Développement*, die ihre Tätigkeit auf die gesamte Republik Kamerun erstrecken. Damit ergibt sich für die Republik Kamerun die Aufgabe, aus den divergierenden Elementen einer doppelten kolonialpolitischen Tradition ein einheitliches institutionelles System der Entwicklungspolitik zu schaffen.

D. Entwicklungsinstitute in den übrigen Ländern Tropisch-Afrikas

In jenen Ländern Tropisch-Afrikas, die wirtschafts- und währungspolitisch weder zur französischen noch zur britischen Einflußsphäre gehören (Kongo, Ruanda-Burundi, portugiesische Überseegebiete, Sudan, Äthiopien, Liberia), spiegelt die institutionelle Entwicklung recht heterogene Züge. Allgemein gilt auch für diese Länder, daß erst nach dem Zweiten Weltkrieg Entwicklungsbanken und -gesellschaften als öffentlich gelenkte Instrumente zur Durchsetzung von Erschließungs- und Förderungsmaßnahmen wirtschaftspolitische Bedeutung erlangten. Im ehemals belgischen Kongo und in

Ruanda und Burundi wurden ihre Struktur und ihre Tätigkeit von Belgien bestimmt, in den portugiesischen Überseeprovinzen blieb der Einfluß des Mutterlandes beherrschend. Lediglich im Sudan, in Äthiopien und in Liberia entschied eine einheimische Regierung über die Errichtung von Entwicklungsinstituten — zum Teil auf Empfehlung der Weltbank und mit finanzieller Unterstützung der Vereinigten Staaten.

1. Kongo (Léopoldville), Ruanda und Burundi

Bis zur Erlangung der Unabhängigkeit vollzog sich die institutionelle Entwicklung im Kongo sowie in Ruanda und Burundi einheitlich nach den Grundsätzen der belgischen Kolonialpolitik. Seither ist die Lage unübersichtlich.

a) Als erste Ansätze zur Errichtung entwicklungspolitischer Einrichtungen sind die nach 1925 gegründeten *Caisses administratives de chefferie* zu betrachten, die mit öffentlichen Budgetmitteln arbeiteten und von der lokalen Verwaltung geleitet wurden. Ihnen oblag die Führung von Regiebetrieben (sog. *régies*) und die Förderung des Genossenschaftswesens unter den Afrikanern. Eine Form derartiger Regiebetriebe waren die *„agronomats"*, die Saatgut und Geräte an die Bauern verteilten, aber schon 1936 wieder aufgelöst wurden. Dasselbe Schicksal erlitten die von den *Caisses* geleiteten Wohnungsbaugenossenschaften, welche die Kritik der europäischen Einwanderer *(colons)* hervorriefen, weil sie angeblich mit öffentlichen Mitteln einen unlauteren Wettbewerb auf dem Bausektor betrieben. Ebenso verschwanden auf Drängen der *colons* andere von den Caisses geführte Gesellschaften, denen die Förderung einer lokalen Industrie aufgetragen war.

b) Zum wichtigsten Entwicklungsinstitut der Nachkriegszeit wurde die *Société de Crédit au Colonat et à l'Industrie,* die im Jahre 1947 gegründet wurde. Zu 89 % stand sie in staatlichem Besitz; zur Finanzierung ihrer Tätigkeit erhielt sie Mittel aus dem Kongobudget und begab Anleihen. Als Instrument belgischer Kolonialpolitik beschränkte sie ihre Förderungsmaßnahmen — mittel- bis langfristige Kreditgewährung und Bürgschaftsgewährung für die mittelständische Wirtschaft — auf die Unterstützung europäischer Siedler. Erst 1958 wurde die Gesellschaft damit beauftragt, Mittel aus einem Sonderfonds *(Fonds provisoire de crédit aux autochtones),* der aus dem Kongobudget gespeist wurde, auch an afrikanische Unternehmer auszureichen. Diese Erweiterung ihres Tätigkeitsgebietes führte denn auch zur Namensänderung der Gesellschaft: Seit 1960 heißt sie *Société de Crédit à l'Agriculture et à l'Industrie.*

Seit ihrer Errichtung bis Ende 1958 hat diese Gesellschaft rd. 1,6 Mrd. bfrs (=128 Mill. DM) an Kredithilfen gewährt, die ihr zu 34 % aus dem Kongobudget zuflossen. 95 % aller Kredite wurden an Unternehmern im Kongo, nur 5 % an Unternehmer in Ruanda und Burundi gegeben. Von den insgesamt 2213 Einzelkrediten gingen nur 29 an afrikanische Unternehmer; ihr Anteil an der gesamten Kreditsumme betrug weniger als 1 %. Eine Aufgliederung der Kredite nach Wirtschaftssektoren bzw. ihrem Bestimmungszweck ergibt folgendes Bild:

30 % Industrie
22 % Landwirtschaft
11 % Handwerk
8 % Handel
2 % freie Berufe
2 % Wohnungsbau
25 % Kredite zur Unternehmensgründung für Absolventen von Landwirtschafts- und Gewerbeschulen.

Die Bürgschaftsleistungen der Gesellschaft kamen nur europäischen Siedlern und Einwanderern zugute und beliefen sich für den genannten Zeitraum auf insgesamt 360,7 Mill. bfrs für 8858 Personen.

c) Die institutionellen Maßnahmen zugunsten der einheimischen Bevölkerung beschränken sich auf die Landwirtschaft und das Sozialwesen. Als wichtigste Einrichtung auf diesem Gebiet kann der *Fonds du Bien-Etre Indigène* gelten. Er wurde 1947 begründet, autonom verwaltet, mit einem Kapital von 2,1 Mrd. bfrs ausgestattet (davon 1,78 Mrd. als Kompensationszahlung Belgiens für die vom Kongo getragenen Lasten während des Zweiten Weltkrieges, 100 Mill. unentgeltliche Zuwendung Belgien, 200 Mill. Gewinnüberweisungen aus der Koloniallotterie) und fortlaufend aus Gewinnen der Koloniallotterie gespeist. Aus diesem Fonds wurden bestritten:

Medizinisch-soziale Hilfeleistungen (Bau von Krankenhäusern, Seuchenbekämpfung u. a.)
Ausbau des Erziehungswesens
Bau von Bewässerungsanlagen und Verbesserung der Trinkwasserversorgung
Finanzierung von wohnungs- und städtebaulichen Maßnahmen *(cités indigènes)*
Ansiedlung von Bauern im Rahmen des Programms „*paysannat indigène*".

Der letztgenannte Punkt bezeichnet ein umfassendes regionalpolitisches Programm, dessen Schwerpunkte der Kasongo- und Befale-Distrikt sowie Ruanda-Burundi waren. Siedlungswilligen Familien wurde ein ausreichendes Stück Land nebst Wohnung und Wirtschaftsgebäuden übereignet und Hilfe gewährt bei der Vermehrung der Kulturen und für die Rotation des Anbaus, um den Bauern auf diese Weise vor extremen Preisschwankungen zu schützen, eine gewisse Stabilisierung der Einkommen zu erreichen, völlige Mißernten auszuschließen und die Bodenerschöpfung zu verhindern. Unterstützung bei der Schädlingsbekämpfung und Anregungen für die Mechanisierung der Arbeitsvorgänge gehörten ebenfalls zu den Zielsetzungen dieses Programms. Der Fonds bemühte sich schließlich um die Kreditbeschaffung, um Maschinen-, Vieh- und Saatgutbereitstellung, er unterhielt Musterfarmen und Landwirtschaftsschulen.

Im Laufe der Durchführung des Zehnjahresplanes für den Kongo und Ruanda-Burundi 1948—1958 (revidiert 1954 und 1957) erfolgten Zuweisungen von Planmitteln (rd. 1,4 Mrd. bfrs) an den Fonds, vor allem zur Finanzierung von Aufgaben im Rahmen des *„Paysannat indigène"*. Vorgesehen war die Ansiedlung von 385 000 Familien. Bis 1956 wurden etwa 200 000 Parzellen zugeteilt (und 147 000 bereits bebaut). Die mit Ölpalmen, Gummi- und Kaffeebäumen bepflanzte Fläche betrug rd. 50 000 ha. Bis 1958 gab der Fonds etwa 2 Mrd. bfrs aus, davon etwa 650 Mill. in Ruanda und Burundi. Schwerpunkte der Tätigkeit waren hier die Trinkwasserversorgung und der Bau von Bewässerungsanlagen.

d) Als zusätzliche Kreditquelle für afrikanische Landwirte, die schon vor 1940 mindestens 20 ha bewirtschafteten, diente der *Fonds Spécial de Crédit Agricole Indigène,* der ganz aus dem Budget der Kolonie gespeist wurde. Neben der Gewährung langfristiger Kredite für die Anlage von Gummi- und Ölpalmplantagen und die Beschaffung von Arbeitsgerät beteiligte er sich an der Finanzierung von Bewässerungs- und Kanalisationsanlagen sowie von Wirtschaftsgebäuden.

e) Auf dem Gebiet des Wohnungs- und Städtebaus trat dem *Fonds du Bien-Etre Indigène* das *Office des Cités Indigènes* an die Seite. Diese 1952 gegründete autonome Behörde arbeitete mit einem revolvierenden Fonds von 750 Mill. bfrs und Darlehen vom belgischen Schatzamt. Die Mittel dienten der Anlage von Eingeborenenstädten (sog. *cités indigènes*), die gewöhnlich an der Peripherie der europäischen Siedlungen angelegt wurden. Die Finanzierung von Gemeinschaftseinrichtungen (Kanalisation, Wasser, Stromversorgung, öffentliche Gebäude u. a.) und Wohnungsbauten sowie die Gewährung von Wohnungsbaudarlehen gehörten zu ihren Aufgaben.

Mittel zur Verbesserung des Wohnungswesens gaben schließlich noch

— der *Fonds d'avances*, der von Belgien finanziert wurde und allen Bevölkerungsgruppen dienen sollte

— der *Fonds du Roi,* aus dem Subventionen in Höhe von 200 Mill. bfrs für arme afrikanische Familien in Ruanda und Burundi bereitgestellt wurden.

Vor kurzem hat die Republik Kongo die Gründung einer Entwicklungsbank angekündigt; über Struktur und Arbeitsweise fehlte bei Abschluß des Manuskriptes noch jegliche Information. Das gilt auch für die entsprechenden Pläne in Ruanda und in Burundi.

2. Sudan

Im Sudan bestehen seit 1961 zwei Entwicklungsbanken, die *Industrial Bank* und die *Agricultural Bank,* die sich ausschließlich auf die Gewährung von Krediten und technische Beratung im industriellen bzw. landwirtschaftlichen Sektor beschränken.

Die *Industrial Bank,* auf Empfehlung der Weltbank entstanden, gewährt mittel- und langfristige Kredite zur Gründung von neuen bzw. zur Erweiterung und Modernisierung von bereits bestehenden privaten Industrieunternehmen [1]. Mittelfristige Kredite werden für 2—6 Jahre, langfristige für 6—15 Jahre gewährt. Die Zinssätze, die 1963 für mittel- bzw. langfristige Kredite 7 % bzw. 3 % betrugen, können je nach der Lage auf dem Geld- und Kapitalmarkt geändert werden. Vor der Bewilligung der Kredite werden die Anträge von der Bank genau geprüft. Besonderer Wert wird dabei auf den Beitrag der vorgesehenen Projekte zur Entwicklung der nationalen Wirtschaft gelegt. Vorrangig behandelt werden deshalb solche Kreditanträge, die zur Schaffung oder Erweiterung von Industrien beitragen, denen vom *Ministry of Commerce, Industry and Supply* der Status von *„Approved Enterprises“* zuerkannt wurde. Bewilligt werden die Kredite nur für solche Projekte, die technisch einwandfrei sind und wirtschaftlichen Erfolg versprechen. Bei der Gewährung von Krediten besteht die Bank außerdem darauf, daß die Projektkosten mindestens zu 40 % vom Antragsteller aus eigenen Mitteln aufgebracht werden.

Auch die technische Beratung gehört zum Aufgabenbereich der *Industrial Bank*. Zu diesem Zweck unterhält die Bank eine technische Abteilung, wo die privaten Unternehmen sich über ihre Pläne zur Neugründung, Erweiterung oder Modernisierung sowie über Fragen der Geschäftsführung fachmännisch beraten lassen können.

Außer der Kreditgewährung und der technischen Beratung versucht die Bank, bei der Gründung von Industrieunternehmen die Zusammenarbeit zwischen in- und ausländischem Kapital zu fördern. Zu diesem Zweck bemüht sie sich, Informationen über derartige Möglichkeiten zu sammeln und zu verbreiten.

Das Grundkapital der Bank, die als Anstalt des öffentlichen Rechts arbeitet, beträgt 3 Mill. £S. Davon waren bis Mitte 1963 insgesamt 2,5 Mill. £S vom Staat aufgebracht. Es ist vorgesehen, daß der Staat einen Teil seines Kapitals zu einem günstigen Zeitpunkt an private in- und ausländische Investoren abgibt. Außer über staatliche Mittel verfügt die Bank auch über ein Darlehen des *Development Loan Fund* der USA in Höhe von 2 Mill. US $.

Über die Tätigkeit des zweiten Instituts, der *Agricultural Bank*, fehlen hinreichende Informationen. Bekannt ist, daß die Bank, deren Grundkapital in Höhe von 5 Mill. £S ausschließlich vom Staat aufgebracht worden ist, als öffentlich-rechtliche Anstalt arbeitet und hauptsächlich kurzfristige Überbrückungskredite an Baumwollpflanzer ausreicht.

---

[1] Der Begriff „Private Industrieunternehmen“ schließt in diesem Fall auch solche Industrieunternehmen ein, deren Gründung von der Regierung durch Kreditbereitstellung oder Kapitalbeteiligung unterstützt wird, es sei denn, daß die Regierung von Sudan mehr als 50 % des Aktienkapitals zeichnet und damit eine entscheidende Rolle in der Geschäftsführung spielt.

3. Liberia

Die hier seit 1957 bestehende Finanzierungsgesellschaft *Agricultural and Industrial Credit Corporation* [1] wurde im Jahre 1962 in eine *Agricultural Credit Corporation* umbenannt mit dem Ziel, ihre Tätigkeit auf den landwirtschaftlichen Bereich zu beschränken. Als eine Anstalt des öffentlichen Rechts gewährt die *Agricultural Credit Corporation* Kredite für folgende Zwecke:

Anschaffung von landwirtschaftlichen Maschinen und Geräten
Ankauf von Saatgut, chemischen Düngemitteln, Mitteln zur Bekämpfung von Schädlingen usw.
Ankauf von Vieh und Geflügel zu produktiven Zwecken
Bau von Stallungen, Geflügelfarmen, Lagerhäusern für Getreide, Fischereianlagen.
Ankauf von Landbesitz zum Ackerbau

Zur Förderung der industriellen Entwicklung war die Gründung einer zusätzlichen Entwicklungsgesellschaft, der *Liberian Bank for Industrial Development and Investment* vorgesehen. Das Grundkapital der Bank, die als ein gemischtwirtschaftliches Unternehmen arbeiten wird, sollte 2,5 Mill. $ betragen und wie folgt aufgebracht werden:

25 % von der Regierung von Liberia
25 % von der International Finance Corporation
20 % von der Bank für Gemeinwirtschaft (B.R. Deutschland)
15 % von ausländischen Gesellschaften, die in Liberia tätig sind
10 % von der Bank of Washington (amerikanische Privatbank)
5 % von einheimischen privaten Unternehmen.

Der Bank waren die folgenden Aufgaben zugedacht:

Gründung von industriellen Unternehmen
Förderung der Zusammenarbeit zwischen in- und ausländischem Kapital
Kapitalbeteiligung an privaten industriellen Unternehmen
Kreditbereitstellung für industrielle Zwecke
Technische und kaufmännische Beratung
Emissionsgarantie.

4. Äthiopien

In Äthiopien besteht seit 1951 eine Entwicklungsbank, die *Development Bank of Ethiopia.* Sie arbeitet hauptsächlich als Finanzierungsgesellschaft und gewährt mittel- und kurzfristige Kredite für industrielle und landwirtschaftliche Zwecke. Ihr Kapital (11 Mill. E$) wurde ausschließlich vom

---

[1] Bis Ende 1961 hatte die Corporation insgesamt 211 Kreditanträge für etwa 0,8 Mill. $ erhalten; davon waren nur 46 Anträge bewilligt und etwa 100 000 $ als Kredite gewährt worden. Im Jahre 1961 waren 46 Kreditanträge eingereicht, aber nur 14 (51 250 $) bewilligt worden, die sich wie folgt verteilten: 5 für Geflügelfarmen, 6 für den Gummianbau, 2 für Hotelbauten, 1 für eine Wäscherei und Reinigungsanstalt.

Staat aufgebracht. Um den Devisenbedarf für die von ihr finanzierten Vorhaben zu decken, hat sie Darlehen von der Weltbank (4 Mill. US $) und den Vereinigten Staaten (2 Mill. US $) erhalten. Außerdem waren mit der Kreditanstalt für Wiederaufbau Verhandlungen über die Gewährung eines Darlehens im Gegenwert von 10 Mill. DM im Gange.

Die *Development Bank of Ethiopia* gewährt:

— Mittelfristige Kredite zur Gründung, Erweiterung und Modernisierung von Industrieunternehmen. Gefördert wurden bisher Betriebe zur Herstellung von Textilien, Öl, Mehl, Chemikalien, Baumaterialien usw.

— Mittelfristige Kredite zur Anschaffung von landwirtschaftlichen Maschinen und für die Verbesserung von Bewässerungsanlagen.

— Kredite für den Anbau von Kaffee. Über ihre Zweigstellen in Jimma gewährt die Bank Kredite bis zu 5000 E$ auf fünf Jahre an Landbesitzer im südöstlichen Teil Äthiopiens. Durch die Bereitstellung dieser Kredite versucht die Bank, die Landbesitzer zu ermutigen, wilde Pflanzungen auf ihren Besitzungen zu beseitigen und das Land für den plantagemäßigen Anbau von Kaffee zu nutzen. Die von der Bank angestellten Fachleute beraten die Farmer in technischen Fragen.

E. Schlußbetrachtung — Neue Tendenzen der institutionellen Entwicklung

In den vorhergehenden Abschnitten über Geschichte, Struktur und Tätigkeit der afrikanischen Entwicklungsbanken und -gesellschaften wurde — schon rein gliederungsmäßig — der beherrschende Einfluß der früheren Kolonialmächte auf die institutionelle Entwicklung unterstrichen: Ging bereits die Gründung von Entwicklungsinstituten in der Regel auf ihre Initiative zurück, so erfolgten auch die meisten Neugründungen nach der Unabhängigkeit gemäß den alten Vorbildern, und nicht selten bleiben die ehemaligen Mutterländer am Kapital der Institute beteiligt.

Hier ist nun der Ort, einen neuen Tatbestand herauszuheben, der für die weitere institutionelle Entwicklung wichtig zu werden scheint: *Die Tendenz zur interafrikanischen Zusammenarbeit* über die traditionellen Kolonialgrenzen hinweg. Bei der Bedeutung, die den Entwicklungsbanken und -gesellschaften als Instrumenten der Wirtschaftspolitik heute zukommt, ist es nicht verwunderlich, daß im Rahmen zahlreicher Pläne zur Schaffung interafrikanischer politischer wie wirtschaftspolitischer Integrationsorgane auch an die Errichtung von zwischenstaatlichen Entwicklungsbanken bzw. -gesellschaften gedacht wird. In den drei bereits beschriebenen Organisationen

1. *L'Association Africaine et Malgache des Banques pour le Développement*
2. *L'Union Africaine et Malgache des Banques pour le Développement*
3. *East African Industrial Promotion Services (IPS)*

bleibt die Zusammenarbeit noch auf Staaten beschränkt, die bis zur Unabhängigkeit derselben Kolonialmacht unterstanden. Bei einigen Projekten zur Überwindung der alten Kolonialgrenzen befindet man sich noch im Stadium der Verhandlungen bzw. der Ausarbeitung der Statuten:

So hat die Wirtschaftskommission der Vereinigten Nationen für Afrika (ECA), der alle afrikanischen Staaten als ordentliche und alle noch abhängigen Gebiete als assoziierte Mitglieder (neben den Kolonialmächten) angehören, auf ihrer vierten Jahresversammlung im März 1962 den *Plan einer afrikanischen Entwicklungsbank* diskutiert. Damals wurde ein Neunerausschuß eingesetzt, der den finanziellen und verwaltungsmäßigen Aufbau und das zukünftige Tätigkeitsprogramm ausarbeiten sollte. Darüber hinaus holten diese neun Experten, in Dreiergruppen reisend, die Stellungnahmen aller afrikanischen Regierungen persönlich ein. Im Anschluß daran bereisten sie die als Kapitalgeber in Frage kommenden Staaten. Ein Gründungsabkommen zur Errichtung der Bank wurde im August 1963 auf der Konferenz der afrikanischen Finanzminister in Khartoum von den Vertretern von 22 Staaten unterzeichnet (s. auch Institut Nr. 1 im Anhang).

Neben den Aufgaben, neue Kapitalquellen zu erschließen und das Vertrauen der Kapitalgeber zu wecken, werden folgende Ziele der Bank herausgestellt:

Wirtschaftliche Erschließung durch regionale Zusammenarbeit

Förderung des interafrikanischen Handels durch vernünftige Arbeitsteilung und rationelle Großproduktion

Zusammenfassung und Verteilung der internationalen Kapitalhilfe insbesondere für Infrastrukturvorhaben.

Mit den Mitteln der Bank sollen interafrikanische Erschließungsprojekte (Transportwege, Energiegewinnung und -versorgung) finanziert werden und niedrig verzinsliche Kredite für private und öffentliche Vorhaben gewährt werden.

Nach den Vorstellungen der Befürworter des Projekts sollen alle afrikanischen Staaten während der nächsten 5 Jahre eine Kapitaleinlage leisten, die mindestens 1 Mill. $ und höchstens 30 Mill. $ betragen soll. Das Grundkapital der Bank soll 250 Mill. $ erreichen. Zusätzliche Mittel sollen durch den Verkauf von Wertpapieren auf dem Kapitalmarkt aufgebracht werden. Die Bank ist ermächtigt worden, einen Sonderfond aus Spenden und Darlehen nicht-afrikanischer Staaten zu errichten. Hierfür hat z. B. Brasilien, das auf der Konferenz in Khartum durch einen Beobachter vertreten war, 1 Mill. $ zugesagt. Auch die USA und Frankreich haben Darlehen für diesen Fond in Aussicht gestellt. Im Wege der Stimmrechtsregelung soll der Einfluß aller afrikanischen Staaten auf die Geschäftsführung gewährleistet werden. Schwierigkeiten erwachsen dem Projekt daraus, daß eine Reihe von Staaten die Beitragsleistung als zu hoch empfinden und dem Aufbau regionaler Entwicklungsbanken den Vorzug gibt; auch stehen manche afrikanischen Staaten französischer Prägung dem Projekt kühl gegenüber. Nach dem günstigen Verlauf der Konferenz in Khartoum kann jedoch mit der baldigen Errichtung der Bank gerechnet werden.

Auf der Konferenz von Lagos im Januar 1962, die die Staaten der sog. Monrovia-Gruppe zusammenführte (13 afrikanische Mitgliedsstaaten der Frankenzone, 3 Commonwealth-Staaten sowie Äthiopien, Liberia, Kongo und Lybien) wurde beschlossen, *Studien über die Errichtung einer afro-madagassischen Entwicklungsbank* durchzuführen, der die Finanzierung zwischenstaatlicher Förderungsmaßnahmen zu übertragen wäre. Hauptziel der Tätigkeit einer solchen Bank sollte es sein, zur Bildung und Ausweitung eines afrikanischen gemeinsamen Marktes beizutragen und damit günstige Voraussetzungen für das Wachstum einer leistungsfähigen Industrie zu schaffen.

Schließlich wurde auf der Wirtschaftstagung der sog. Casablanca-Gruppe, der Ägypten, Ghana, Guinea, Mali, Marokko und Algerien angehören, Anfang April 1962 beschlossen, eine *afrikanische Entwicklungsbank* zu gründen. Der Vertrag über die Gründung soll einen Monat nach dem Datum der Ratifizierung in Kraft treten. Er sieht vor, daß die Bank für staatliche und private Projekte Anleihen gibt. Nationale Entwicklungsbanken der einzelnen Casablanca-Staaten können ebenfalls Anleihen erhalten. Dem Rat der Gouverneure gehören alle Mitgliedsstaaten an. Die Bank soll in erster Linie die Industrialisierung vorantreiben und zum Motor einer aus eigenen Mitteln bewirkten gesamtwirtschaftlichen Entwicklung werden.

Ob die beiden letztgenannten Projekte überhaupt weiter verfolgt werden, ist nach der afrikanischen Gipfelkonferenz in Addis Abeba vom Juni 1963 fraglich geworden. Gewisse Widerstände erwachsen allen zwischenstaatlichen Vorhaben aus nationalistischen Interessen einzelner afrikanischer Staaten, aus dem Kräfte- und Erfahrungsmangel beim Aufbau internationaler Institute, aus der mangelnden Bereitschaft einiger ehemaliger Mutterländer zur Beschränkung ihres wirtschaftspolitischen Einflusses und aus dem traditionellen Beharrungsvermögen gegenüber neuen Ideen und Vorschlägen. Auftrieb erhalten die Pläne zur Gründung interafrikanischer Entwicklungsbanken und -gesellschaften hingegen in dem Maße, wie sich die Erkenntnis Geltung verschafft, daß es gemeinsamer Aktionen bedarf, um

— die Schwäche der einzelnen afrikanischen Staaten zu überwinden
— eigene afrikanische Vorstellungen zu entwickeln
— außerafrikanische Einflüsse bei der Gestaltung der Wirtschaftspolitik zurückzudrängen und
— zu einer wirtschaftlichen Zusammenarbeit über die ehemaligen Kolonial- und die gegenwärtigen Territorialgrenzen hinweg zu gelangen.

Literaturhinweise

A. Theoretische Literatur

BOSKEY, SHIRLEY: Problems and Practices of Development Banks. IBRD, Baltimore 1961.

DIAMOND, WILLIAM: Development Banks. The Economic Development Institute, IBRD, Baltimore 1957.

HANSON, A. H.: Public Enterprise and Economic Development. London 1960.

NICULESCU, BARBU: Colonial Planning. London 1958.

B. Offizielle Berichte

I. Frankenzone

L'AEF économique et sociale — avec l'aide du FIDES, 1947—58. Haut Commissariat de la République en AEF, Paris 1959.

Le Plan Quadriennal d'Equipement et de Modernisation de l'AEF (1953—58), Gouvernement Générale de l'AOF, Dakar 1959.

Rapport d'activité (Jahresbericht). Banque Centrale des États de l'Afrique de l'Ouest, Paris.

Notes d'Information et Statistiques (Monatsberichte). Banque Centrale des États de l'Afrique de l'Ouest, Paris.

Rapport d'activité (Jahresberichte). Banque Centrale des États de l'Afrique Equatoriale et du Cameroun, Paris.

Bulletin mensuel (Monatsberichte). Banque Centrale des États de l'Afrique Equatoriale, Paris.

Statistiques Monétaires 1959—1960. Banque Centrale des États de l'Afrique de l'Ouest, Paris 1961.

Panorame de la Côte d'Ivoire 1960. Direction de l'Information, Abidjan 1961.

Banque Sénégalaise de Développement. Rapport d'Activité au 30 Juin 1961, Dakar 1961.

Banque Sénégalaise de Développement, Reglement intérieur. Banque Sénégalaise de Développement, Dakar 1960.

Banque Dahoméenne de Développement. Rapport d'Activité au 30 Juin 1962, Cotonou 1962.

Planification en Afrique, Band 1 (I. P. BERARD). Ministère de la Coopération, Paris 1962.

II. Commonwealth-Länder

Colonial Development Corporation. Report and Account for the year ended 31st December, 1961 und ff., London.

Report of the Southern Rhodesia Industrial Development Board for the year ended the 31st December 1961, Salisbury 1962.

Industrial Promotion Corporation of Rhodesia and Nyasaland Ltd. Annual Report and Accounts 1961, Salisbury 1962.

Bank of Rhodesia and Nyasaland, Annual Report 1961. Salisbury 1962.

Tanganyika Agricultural Corporation. Report and Accounts for 1958—59 und ff., Dar-es-Salaam.

The Land and Agricultural Bank of Kenya. Annual Report 1960, 1961, Nairobi.

Industrial Development Corporation (Kenya). Report and Accounts 1961/62, Nairobi 1962.

East African Industrial Promotion Services. Gummersbach/Rheinland. In: Partner des Fortschritts, 1962.
National Investment Bank (Ghana), Bye-laws, Accra 1963.
Investment Company of Nigeria, Ltd. Report and Accounts for the Year ended 31st December 1960, 1961.
Lagos Executive Development Board, Nigeria. Annual Reports and Accounts (1960—1961).
Western Nigeria Development Corporation. Annual Report 1961/62.

III. Übrige Länder

La Situation Economique du Congo Belge et du Ruanda-Urundi en 1958, Ministère du Congo Belge et du Ruanda-Urundi, Bruxelles 1959.
Le Ruanda-Urundi. L'Office de l'Information et des Rélations Publiques pour le Congo Belge et le Ruanda-Urundi, Bruxelles 1959.
Development Bank of Ethiopia. Annual Reports, Addis Abeba.

C. Sonstige Berichte (Periodika) und Aufsätze

Three-Monthly Economic Review: Ghana, Nigeria, Sierra Leone, Gambia. London.
Marchés Tropicaux et Méditerranéens. Paris.
Industries et Travaux d'Outremer. Paris.
Overseas Review (Barclays Bank). London.
Liberian Agriculture and Commerce. 1962 Nr. 3, Monrovia.
Bank of Sudan, Economic and Financial Bulletin. Khartoum.
La Banque Interafricaine et les Banques Africaines de Développement. L'économie, Paris 20. Juni 1963.
Revue trimestrielle. Organisation Africaine et Malgache de Cooperation Economique. Yaoundé.
Projet de Banque Africaine de Développement. Chambre de Commerce de la Republique de Côte d'Ivoire, Abidjan, Nov. 1963, S. 79 ff.
NYHART, J. D.: The Uganda Development Corporation and the Promotion of Entrepreneurship (1959). Paper read at a Conference held at the East African Institute of Social Research. Makerere College 1959.
The Economic Development of Nigeria. Report of a Mission, Organized by the International Bank for Reconstruction and Development. Third Printing, Baltimore 1961.
The Economic Development of Tanganyika. Report of a Mission, Organized by the International Bank for Reconstruction and Development. Baltimore 1961.
The Economic Development of Uganda. Report of a Mission, Organized by the International Bank for Reconstruction and Development. Baltimore 1962.
The Economic Development of Kenya. Report of a Mission, Organized by the International Bank for Reconstruction and Development. Baltimore 1963.

Anhang

Schematische Übersicht über Entwicklungsbanken und -gesellschaften in Tropisch-Afrika

Der Anhang gibt eine tabellarisch gegliederte Darstellung aller Entwicklungsbanken und -gesellschaften in Tropisch-Afrika, soweit den Verfassern Informationen darüber vorlagen.

Im allgemeinen schließt die Untersuchung Mitte August 1963 ab. In Einzelfällen reichen die Informationen jedoch bis Anfang 1964.

Die Übersicht ist regional nach Ländern in alphabetischer Folge gegliedert. Vorangestellt sind Institutionen, deren Tätigkeit über ein einzelnes Land hinausgreift. Die Entwicklungsinstitutionen sind, ihrer Reihenfolge in der Übersicht entsprechend, mit einer laufenden Nummer versehen. Die Angaben über die einzelnen Entwicklungsbanken und -gesellschaften sind siebenfach aufgeteilt. Es bedeuten die Nummern:

1. = Gebiet/Land
2. = Name des Instituts
3. = Sitz/Gründungsjahr
4. = Kapital
5. = Rechtsform
6. = Aufgabenbereich
7. = Bemerkungen

Abkürzungen der wichtigsten Institutionen

BCEAO = Banque Centrale des Etats de L'Afrique de l'Ouest.
CCCE = Caisse Centrale de Co-opération Economique.
CCFOM = Caisse Centrale de la France d'Outre-Mer. Vorläufer der CCCE.
CDC = Commonwealth Development Corp. (bis August 1963: Colonial Development Corporation).
CDFC = Commonwealth Development Finance Corporation.
FAC = Fonds d'Aide et de Coopération.
FIDES = Fonds d'Investissement pour le Développement Economique et Social des Territoires d'Outre-Mer.
FIDOM = Fonds d'Investissement des Départements d'Outre-Mer.
IBRD = International Bank for Reconstruction and Development.
IDA = International Development Agency.
IFC = International Finance Corporation.
IPS = East African Industrial Promotion Services.
OAMCE = Organisation Africaine et Malgache de Co-opération Economique.

Die vorkommenden afrikanischen Währungen in ihrer Parität zum US-Dollar

Bezeichnung	Abkürzung	Parität (1 US$ =) am 1. Dez. 1963
Ethiopian dollar	E $	2,484
franc CFA	CFA	246,853
franc malien	FM	246,853
franc malgache	FMG	246,853
Ghana pound	£ G	0,357
Mauritius rupee	R	4,762
Nigerian pound	£ N	0,357
Sudanese pound	£ S	0,348

1. Afrika (mit Ausnahme der Südafrikanischen Republik)
2. **African Development Bank (Banque Africaine de Développement)**
3. Bisherige Vorschläge für den Sitz der Bank: Khartoum, Tunis, Nairobi, Abidjan. Die Bank befindet sich im Aufbau. Gründung soll bis Juli 1965 abgeschlossen sein.
4. Grundkapital: 250 Mill. $, das von allen afrikanischen Mitgliedstaaten je nach Wirtschaftskraft aufzubringen ist (1 Mill. $ bis 30 Mill. $).
   50% des Kapitals sind bis 1968 in Gold oder frei umtauschbarer Währung einzuzahlen.
   Fest zugesagt haben:

V.A.R. . . .	30 Mill. $	Marokko . . .	15 Mill. $
Algerien . . .	24,5 Mill. $	Ghana . . .	12,8 Mill. $
Nigeria . . .	24 Mill. $		

5. Internationales öffentliches Unternehmen des Privatrechts, Aktiengesellschaft mit Aktien zu 10 000 $, die nur von afrikanischen Staaten erworben werden können.
6. Finanzierung von interafrikanischen Projekten, besonders im Bereich der Infrastruktur.
   Niedrig-verzinsliche Kredite für öffentliche, gemischtwirtschaftliche und evtl. private Projekte in den Mitgliedstaaten.
   Sucht ausländische Kapitalhilfe für afrikanische Länder und die Auflage von Anleihen in Mitgliedsländern, um jene Projektkosten decken zu können, die in Landeswährung anfallen (für örtliche Produkte und Arbeitskräfte).
7. Das Gründungsabkommen wurde auf der Konferenz der afrikanischen Finanzminister im August 1963 in Karthoum von den folgenden 22 Staaten unterzeichnet:
   Äthiopien, Algerien, Burundi, Elfenbeinküste, Ghana, Guinea, Kongo Kenya, Liberia, Libyen, Mali, Marokko, Mauretanien, Nigeria, Sierra Leone, Somalia, Sudan, Tanganyika, Tunesien, Uganda, V.A.R., Zentralafrikanische Republik.
   Die Bank gilt als gegründet, sobald 12 Staaten das Abkommen ratifiziert haben und 2/3 der ersten Einzahlungstranche in Höhe von 2,5% des Grundkapitals beim Generalsekretär der UNO als vorläufigem Schatzmeister eingegangen sind. Diese Staaten bestimmen sodann den Sitz und bestellen je einen Gouverneur pro Mitgliedsland.
   Um wirtschaftlich schwächeren Ländern ein ausreichendes Mitspracherecht zu sichern, kann der Stimmenanteil über die Beteiligungsquote hinausgehen.
   Verwaltung und Politik der Bank werden afrikanisch sein; jedoch Beratung durch Wirtschaftsfachleute der UN. Kredit von 1 Mill. US $ für Mitarbeit von Experten vom Technischen Hilfsfonds der UN zugesagt.
   Guinea, Uganda, Sudan, Tanganyika und Kenya ratifizierten als erste das Abkommen und entrichteten ihre Tranche.

Lfde. Nummer: 2

1. Afrikanisch-madagassische Union
   [Dahomey, Elfenbeinküste, Gabon, Kamerun, Kongo (Brazz.), Madagaskar, Mauretanien, Niger, Obervolta, Senegal, Tschad, Zentralafrikanische Republik]
2. **Association Africaine et Malgache des Banques pour le Développement**
3. Yaoundé, 1963
4. (Verwaltungskosten werden von den Mitgliedsbanken anteilig getragen)
5. Internationale öffentlich-rechtliche Körperschaft
6. Technische Zusammenarbeit zwischen den nationalen Mitgliedsbanken, Koordinierung und Harmonisierung der Entwicklungsfinanzierung, Informationsaustausch und gemeinsame Bemühungen zur Heranbildung geeigneten Bankpersonals.
7. Die Afrikanisch-madagassische Union wurde 1961 gegründet und verbindet jene ehemals französisch beherrschten Staaten, die weiterhin enge Beziehungen zu Frankreich haben und währungspolitisch zur Frankenzone gehören. Ihr für wirtschaftliche Fragen zuständiges Kooperationsorgan ist die OAMCE (Organisation Africaine et Malgache de Coopération Economique), deren Direktor für Finanzfragen zugleich Generalsekretär der „Association" ist.

Lfde. Nummer: 3

1. Afrikanisch-madagassische Union
   [Dahomey, Elfenbeinküste, Gabon, Kamerun, Kongo (Brazz.), Madagaskar, Mauretanien, Niger, Obervolta, Senegal, Tschad, Zentralafrikanische Republik]
2. **Union Africaine et Malgache des Banques pour le Développement**
3. Yaoundé, 1963
4. Garantiefonds von 3,2 Mill. $, gespeist aus Beiträgen der Mitgliedsbanken
5. Internationale öffentlich-rechtliche Körperschaft
6. Garantieübernahme für Anleihen, die von Mitgliedsbanken aufgelegt werden und Verbesserung des Investitionsklimas; evtl. Weiterleitung ausländischer Kapitalhilfe.
7. In der Verwaltungsspitze Verknüpfung mit der „Association" und der OAMCE (siehe Bemerkungen zu Nr. 2): Der Generalsekretär ist zugleich Verwaltungschef der „Union".

Lfde. Nummer: 4

1. Frankenzone:
   a) Mitgliedstaaten:
   Dahomey, Elfenbeinküste, Gabon, Kamerun, Kongo (Brazz.), Madagaskar, Mauretanien, Niger, Obervolta, Senegal, Tschad, Zentralafrikanische Republik
   b) Assoziierte Staaten:
   Mali, Togo
   c) Abhängige Gebiete:
   Komoren, frz. Somaliland, Réunion (frz. Département)
2. **Caisse Centrale de Coopération Economique (CCCE)**
3. Paris, 1959
4. (Zuweisungen aus dem französischen Budget)
5. Französische öffentlich-rechtliche Anstalt
6. Zentrales Finanzorgan der französischen Entwicklungshilfe — Verwaltung und Vergabe der Mittel aus dem Fonds d'Aide et de Coopération (FAC) für die unabhängigen Staaten, dem Fonds d'Investissements pour le Développement Economique et Social (FIDES) für die abhängigen Gebiete, dem Fonds commun de la recherche scientifique outre-mer, dem Fonds national de régularisation des prix des produits d'outre-mer und dem Fonds de soutien des textiles d'outre-mer.
   Kapitalbeteiligung an nationalen Entwicklungsbanken der Länder der Frankenzone.
   Entwicklungsfinanzierung aus eigener Initiative: Kreditbereitstellung, Kapitalbeteiligung, technische Beratung.
7. Nachfolgeinstitut der Caisse Centrale de la France d'Outre-Mer (CCFOM) (gegründet 1946).

Lfde. Nummer: 5

1. Commonwealth-Bereich
   a) Mitgliedstaaten:
   Ghana, Kenya, Nigeria, Sierra Leone, Tanganyika, Uganda.
   b) Abhängige Gebiete:
   Gambia, Nordrhodesien, Südrhodesien, Njassaland, Mauritius.
2. **Commonwealth Development Corporation (CDC)** — (Bis August 1963 Colonial Development Corporation)
3. London, 1948
4. Darlehen vom brit. Schatzamt (bis Ende 1962) insgesamt 92 Mill. £
5. Britische öffentlich-rechtliche Körperschaft
6. Förderung der wirtschaftlichen Entwicklung in Commonwealth-Ländern durch Gründung von Unternehmen, Kapitalbeteiligung, Kreditbereitstellung und technische Beratung.
7. Tochtergesellschaften: Development Corporation (West Africa) Ltd.; East Africa Development Corporation Ltd.
   Bis zum 31. Dez. 1962 hatte die CDC in den genannten afrikanischen Gebieten rd. 59,4 Mill. £ investiert.

Lfde. Nummer: 6

1. Commonwealth-Bereich
   a) Mitgliedstaaten:
   Ghana, Kenya, Nigeria, Sierra Leone, Tanganyika, Uganda
   b) Abhängige Gebiete:
   Gambia, Nordrhodesien, Südrhodesien, Njassaland, Mauritius
2. **Commonwealth Development Finance Company Ltd.** (CDFC)
3. London, 1953
4. Grundkapital ca. 26 Mill. £. 1960 betrug das eingezahlte Kapital 7,3 Mill. £
5. Britisches gemischtwirtschaftliches Unternehmen
6. Förderung der industriellen Entwicklung in Commonwealth-Ländern durch Kreditbereitstellung, Kapitalbeteiligung und technische Beratung.
7. Die Gesellschaft verfügt über eine eigene technische Abteilung.

Lfde. Nummer: 7

1. Ost-Afrika:
   Kenya, Tanganyika, Uganda
2. **East African Industrial Promotion Services (IPS)**
3. Nairobi, 1963
4. Grundkapital: 1,2 Mill. £; 0,8 Mill. sind bis 1968 einzuzahlen. Aktien (zu je 10 £) werden von der ismaelitischen Gemeinde gezeichnet.
5. Private Aktiengesellschaft
6. Förderung der wirtschaftlichen Entwicklung durch Kapitalbeteiligungen. Gründung eigener Unternehmen und Beratung bzw. Unterstützung bestehender Firmen.
7. Die Gesellschaft, eine Gründung Karim Aga Khans (Oberhaupt der ismaelitischen Gemeinde) wirkt als Dachgesellschaft für die:
   IPS Tanganyika Ltd.
   IPS Kenya Ltd.
   IPS Uganda Ltd.
   IPS Switzerland S.A.
   Auch im Kongo (Leo.) ist eine Niederlassung geplant.

1. Portugiesisch-Afrika:
   Angola, Kapverdische Inseln, Mozambique, Portug. Guinea, Sao Tomé und Principé
2. **Banco do Fomento Nacional**
3. Lissabon, 1958
4. Grundkapital: 1 Mrd. Esc.
   66 % Portugiesische Regierung
   30 % Lissaboner Privatbanken
   2 % Banco de Angola
   2 % Banco Nacional (Mozambique)
5. Gemischtwirtschaftliche Aktiengesellschaft
6. Mittel- und langfristige Finanzierungen im Rahmen der Entwicklungsplanung. Kapitalbeschaffung im In- und Ausland für Entwicklungsprojekte im Mutterland und in den Kolonien.
7. Die ehemalige Banco de Fomento do Ultramar, die ausschließlich der Förderung des Wirtschaftslebens in Angola und Mozambique diente, ist in diesem Institut aufgegangen. Die Beteiligung der Zentralregierung wurde zu 460 Mill. Esc. aus dem Nationalen Förderungsfonds und der Rest aus dem Aufkommen der 5%igen Staatsanleihe von 1959 erbracht.

Lfde. Nummer: 9

1. Äthiopien:
2. **Development Bank of Ethiopia**
3. Addis Abeba, 1951
4. Grundkapital: 13 Mill. E $
   Eingezahltes Kapital: 11 Mill. E $
   Darlehen von
   Weltbank: 2 Mill. US $ (1950)
   US Development Loan Fund: 2 Mill. US $
   Weltbank: 2 Mill. US $ (1961)
   Kreditanstalt für Wiederaufbau: 10 Mill. DM (vorgesehen)
5. Öffentliches Unternehmen des Privatrechts
6. Bereitstellung von mittelfristigen Krediten für Industrie, Landwirtschaft und Handel. Landwirtschaftliche Kleinkredite von 500 E $ bis 1500 E $ auf 3 Jahre. Kapitalbeteiligung. Anbauversuche mit neuen Kulturen (z. B. Kaffee). Landwirtschaftliche Beratung. Bekämpfung der Viehkrankheiten.
7. Bis Ende 1961 3190 Darlehen im Gegenwert von 24 Mill. E $ (9,5 Mill. US $) je zur Hälfte für industrielle (Textilfirmen, Öl- und Mehlfabriken, Chemikalien, Kunststoffe und Baumaterialien) und landwirtschaftliche Vorhaben (Rodung des Landes, Anbau und Transport von Kaffee).
   Im Jahre 1962 118 Kredite in Höhe von rd. 2 Mill. E $. Kleinkredite an die Landwirtschaft wegen Mißerfolgen mit dieser Kreditform nicht mehr gewährt. Seit September 1963 teilweise Übernahme von Finanzierungsaufgaben der aufgelösten State Bank of Ethiopia.

Lfde. Nummer: 10

1. D a h o m e y
2. **Banque Dahoméenne de Développement**
3. Cotonou, 1961. Filiale: Savé
4. Grundkapital: 200 Mill. frs. CFA
   52 % Staat
   39 % CCCE
   7 % BCEAD (Zentralbank für Westafrika)
   2 % Private
   (1963 IDA-Darlehen von 426 000 $)
5. Gemischtwirtschaftliche Aktiengesellschaft [1]
6. Kreditbereitstellung und Kapitalbeteiligung für Unternehmen aller Art im Rahmen der Wirtschaftsplanung und aus eigener Initiative. Im Bereich der Landwirtschaft Schwerpunkt auf Genossenschaftsfinanzierung (Sociétés mutuelles de développement rural), u. a. auch kurzfristige Erntekredite in Zusammenarbeit mit dem Office de Commercialisation, dem für Aufkauf, Lagerung und Export genossenschaftlicher Produkte zuständigen Organ.
7. Die Bank ist am Kapital einer Öl-, Seifen- und Möbelfabrik und einer Handelsgesellschaft (Nr. 11) beteiligt.
   Sie ist das Nachfolgeinstitut der Banque du Bénin, gegr. 1956, einer der ersten gemischtwirtschaftlichen Entwicklungsbanken in frz. Afrika. 1960 trug sie vorübergehend den Namen Crédit National du Dahomey. Von 1956 bis 30. 6. 1962 wurden ca. 7000 Darlehen über 2,2 Mrd. frs. CFA gewährt.

---

[1] Unter den Begriff der Gemischtwirtschaftlichen Aktiengesellschaften fallen auch solche Unternehmen, an denen — neben Staat und Privaten — evtl. auch supranationale Körperschaften oder Organisationen beteiligt sind.

Lfde. Nummer: 11

1. D a h o m e y
2. **Société Dahoméenne pour l'Industrie et le Commerce** (SODAIC)
3. Cotonou, 1963
4. Grundkapital: 30 Mill. frs. CFA
   67 % Banque de Développement
   33 % frz. Handelsfirmen
5. Gemischtwirtschaftliche Aktiengesellschaft. Geschäftsführung liegt bei der frz. Handelsfirma SCOA
6. In Zusammenarbeit mit den großen frz. Export-Import-Firmen Aufbau eines Verteilungsnetzes im Landesinnern und Heranbildung einer modern wirtschaftenden einheimischen Kaufmannsschicht.
7. Nach mehrjähriger Tätigkeit sollen die Aktien der Bank einheimischen Kaufleuten übertragen werden.

Lfde. Nummer: 12

1. D a h o m e y
2. **Société Dahoméenne pour le Développement Economique (SDDE)**
3. Cotonou, 1961
4. Grundkapital: 0,5 Mill. frs. CFA
   Staat und frz. Firmen
5. Gemischtwirtschaftliche Aktiengesellschaft
6. Geologische und hydrologische Forschungen. Evtl. Errichtung von Betrieben zur Herstellung von Verbrauchsgütern.

Lfde. Nummer: 13

1. D a h o m e y
2. **Société de Développement de la République du Dahomey (SODERDA)**
3. Cotonou, 1960
4. Kapitalbeteiligung des Staates 51 %
5. Gemischtwirtschaftliche Aktiengesellschaft
6. Vorbereitung und Durchführung öffentlicher Arbeiten (Straßen-, Wegebau, Bewässerung und Urbarmachung) im Rahmen der Entwicklungsplanung.
7. Mitwirkung frz. Forschungs- und Baufirmen.

Lfde. Nummer: 14

1. E l f e n b e i n k ü s t e
2. **Crédit de la Côte-d'Ivoire**
3. Abidjan, 1955. Filiale: Bouaké
4. Grundkapital: 240 Mill. frs. CFA
   58 % Staat
   42 % CCCE
5. Öffentliches Unternehmen
6. Kreditbereitstellung für alle Wirtschaftssektoren, seit 1959 jedoch mit Ausnahme der Landwirtschaft (s. Nr. 15).
   Kapitalbeschaffung an öffentlichen und privaten Unternehmen auf Zeit. Das Institut ist an einer Fabrik zur Herstellung von löslichem Kaffee, einer Pflanzenölfabrik, einer Transport- und Baugesellschaft (Nr. 17) und an einer landwirtschaftlichen Modernisierungsgesellschaft (Nr. 18) beteiligt.
   Einlagenbank für öffentliche Verwaltung. Abwicklung des Schuldendienstes für die Regierung.
7. Das Institut soll in eine Entwicklungsbank umgewandelt werden, vermutlich unter amerikanischer Kapitalbeteiligung. Die gegenwärtig starke Konzentration auf Wohnungsbau- und private Anschaffungskredite würde dann fortfallen.
   Von 1955—1962: ca. 8000 Darlehen über 3 Mrd. frs. CFA, davon 52% für Wohnungs- und Geschäftsbau, 10% für private Anschaffungen (Fahrzeuge, Möbel etc.), 10% für Handel, Handwerk, Fischerei und 28% für Landwirtschaft (bis 1959).
   Die Anschaffungskredite gingen zu 73% an öffentliche Angestellte und zu 60% an Einwohner der Hauptstadt Abidjan.

Lfde. Nummer: 15

1. Elfenbeinküste
2. **Caisse Nationale de Crédit Agricole**
3. Abidjan, 1959
4. 288 Mill. frs. CFA (250 Mill. einmalige Budgetzuweisung; 38 Mill. lfd. Kredit). Darlehen von 200 Mill. frs. CFA von der Kakao-Stabilisierungskasse, rückzahlbar bis Sept. 1964
5. Öffentliches Unternehmen
6. Spezialinstitut zur Förderung der Landwirtschaft, Errichtung von Caisses Locales de Crédit agricole, um den kürzlich geschaffenen Centres de coordination et de coopération agricole (z. Z. 30; geplant sind 50) zur Seite zu stehen, die unter direkter Anleitung der Regierung arbeiten und im örtlichen Rahmen Entwicklungs- und Modernisierungsprogramme für die Landwirtschaft aufstellen, die Tätigkeit aller landwirtschaftlichen Einrichtungen koordinieren, Gemeinschaftskäufe für Rechnung der Genossenschaften tätigen sowie Kreditvermittlung und -kontrolle wahrnehmen.
7. 1961 Kredite über 85 Mill. frs. CFA, 40% an Private, 40% an Gesellschaften, 20% an die neuen Genossenschaften. Die Kredite wurden zum überwiegenden Teil mittelfristig gewährt (bes. für Bananenkulturen, Viehzucht und Fischfang). Im Zusammenwirken mit privaten Banken und Handelshäusern finanziert das Institut die Erntekampagne (Bananen, Kaffee, Kakao) etwa zur Hälfte.

Lfde. Nummer: 16

1. Elfenbeinküste
2. **Société Nationale de Financement (SONAFI)**
3. Abidjan, 1963
4. 100 Mill. frs. CFA; Zuweisungen aus dem Fonds d'Investissement (siehe Bemerkungen)
5. Öffentliches Unternehmen. Im Verwaltungsrat Vertreter der Kammern und der privaten Wirtschaft
6. Kredite, Bürgschaften, Garantieübernahmen, Kapitalbeteiligungen an Unternehmen aller Art sowie Eigengründung und zeitlich befristete Geschäftsführung besonders von industriellen Unternehmen.
7. Der Fonds d'Investissement wird aus Sondersteuern auf private Gewinne gespeist (10%—16%), für die den Belasteten Steuergutscheine gewährt werden. Der eingezahlte Anteil wird den Belasteten zurückerstattet, wenn sie Mindestinvestitionen im doppelten Umfang ihres Jahresbeitrags vornehmen, die der wirtschaftlichen oder sozialen Entwicklung des Landes dienen.

Lfde. Nummer: 17

1. Elfenbeinküste
2. **Société d'Equipement de la Côte-d'Ivoire**
3. Abidjan, 1960
4. Grundkapital: 25 Mill. frs. CFA
   40 % Staat
   20 % Crédit de la Côte d'Ivoire
   sowie frz. Firmen
5. Gemischtwirtschaftliche Aktiengesellschaft
6. Durchführung von Projektstudien und Beteiligung an Entwicklungsvorhaben besonders im Bau- und Transportwesen.
7. Der Gesellschaft unterstehen die Société des Hôtels Ivoiriens und die Société de Construction et d'Exploitation du Pont de Moosou, beide mit Sitz in Abidjan.

Lfde. Nummer: 18

1. Elfenbeinküste
2. **Sociéte d'Assistance Technique pour la Modernisation Agricole de la Côte-d'Ivoire (SATMACI)**
3. Abidjan, 1958
4. Grundkapital: 100 Mill. frs. CFA
   45 % Staat
   10 % Crédit de la Côte d'Ivoire
   45 % frz. Staat
   (Darlehen von der Kakao-Stabilisierungskasse 1960: 335 Mill.)
5. Öffentliches Unternehmen des Privatrechts
6. Technische Hilfe für die Pflanzenschutzbehandlung, Bereitstellung von entsprechenden Geräten und Chemikalien, Düngemittelverteilung, Versuchspflanzungen (Kokospalmen und Ölpalmen).

Lfde. Nummer: 19

1. Föderation von Rhodesien und Njassaland (aufgelöst am 31. Dez. 1963)
   a) Bundesinstitute
2. **Industrial Promotion Corporation of Rhodesia and Nyasaland Ltd. (IPCORN)**
3. Salisbury, 1959
4. Aktienkapital: 1 Mill. £, gezeichnet von der Bank of Rhodesia and Nyasaland (Zentralbank) und von der Commonwealth Development Corporation sowie von in- und ausländischen Finanz- und Industriegesellschaften
5. Gemischtwirtschaftliche Aktiengesellschaft
6. Förderung der Gründung von neuen bzw. Erweiterung und Modernisierung von bereits bestehenden industriellen Unternehmen durch finanzielle Unterstützung und technische Beratung.
7. Gesamtinvestitionen während der Zeit von Januar 1959 bis Juli 1961: 529 600 £ in verschiedenartige Unternehmungen: u. a. Strickwarenindustrie, Bekleidungsindustrie, Drahtindustrie, Papierfabrik, Ziegelindustrie, Pharmazeutische Industrie und Fischerei.

Lfde. Nummer: 20

1. Föderation von Rhodesien und Njassaland (aufgelöst am 31. Dez. 1963)
   a) Bundesinstitute
2. **Anglo-American Rhodesian Development Corporation (AARDC)**
3. Salisbury, 1959
4. Grundkapital: 2 Mill. £ (die Anglo-American Corporation of South Africa Ltd. und die Rhodesian Anglo-American Ltd. sind mit einem Betrag von 0,5 Mill. £ beteiligt)
5. Aktiengesellschaft
6. Gewährung finanzieller Unterstützung an staatliche und private Unternehmen, die einheimische Rohstoffe verarbeiten.

Lfde. Nummer: 21

1. Föderation von Rhodesien und Njassaland (aufgelöst am 31. Dez. 1963)
   b) Regionalinstitute
2. **Land and Agricultural Bank of Southern Rhodesia**
3. Salisbury
4. Zuschüsse von der Bundes- und Regionalregierung. Kurzfristige Einlagen
5. Öffentlich-rechtliche Anstalt
6. Gewährung von Krediten an Farmer

Lfde. Nummer: 22

1. Föderation von Rhodesien und Njassaland (aufgelöst am 31. Dez. 1963)
   b) Regionalinstitute
2. **Southern Rhodesia Industrial Development Board**
3. Salisbury, Okt. 1959
4. Zuschüsse vom Staat
5. Öffentlich-rechtliches Unternehmen
6. Untersuchung der Entwicklungsmöglichkeiten für die Industrie. Kreditbereitstellung für die Gründung von neuen und für die Erweiterung und Modernisierung der bereits bestehenden Industrieunternehmen.
7. Von Okt. 1959 bis Ende 1962 Kredite an 42 Industrieunternehmen im Gegenwert von 380 818 £.

Lfde. Nummer: 23

1. Föderation von Rhodesien und Njassaland (aufgelöst am 31. Dez. 1963)
   b) Regionalinstitute
2. **Northern Rhodesia Industrial Loans Board**
3. Lusaka
4. Zuschüsse von der Regionalregierung
5. Öffentlich-rechtliches Unternehmen
6. Kreditbereitstellung für industrielle Zwecke.

Lfde. Nummer: 24

1. Föderation von Rhodesien und Njassaland (aufgelöst am 31. Dez. 1963)
   b) Regionalinstitute
2. **Northern Rhodesia Industrial Development Corporation**
3. Lusaka, 1960
4. Grundkapital: 2,25 Mill. £; gezeichnet (1960): 0,85 Mill. £
5. Öffentliches Unternehmen des Privatrechts
6. Förderung der wirtschaftlichen Entwicklung durch Kreditbereitstellung und Kapitalbeteiligung.
7. Bis Ende 1961 Kredite und Kapitalbeteiligung im Gegenwert von 291 717 £.

Lfde. Nummer: 25

1. Föderation von Rhodesien und Njassaland (aufgelöst am 31. Dez. 1963)
   b) Regionalinstitute
2. **Land and Agricultural Bank of Northern Rhodesia**
3. Lusaka
4. Zuschüsse von der Bundes- und Regionalregierung
5. Öffentlich-rechtliche Anstalt
6. Kreditbereitstellung für landwirtschaftliche Zwecke.
7. Am 30. 6. 1961 Kredite an Farmer und Genossenschaften:
   Langfristige: 2 281 151 £
   Kurzfristige: 824 258 £

Lfde. Nummer: 26

1. Föderation von Rhodesien und Njassaland (aufgelöst am 31. Dez. 1963)
   b) Regionalinstitute
2. **Nyasaland African District Loans Board**
3. Zomba, 1958
4. Zuschüsse von der Regionalregierung
5. Öffentlich-rechtliches Unternehmen
6. Bereitstellung von Personalkrediten für landwirtschaftliche und kommerzielle Zwecke an Afrikaner.
7. Bis Ende 1958 hatte das Board 100 Darlehen im Gegenwert von 6641 £ gewährt, die meisten davon an afrikanische Farmer aus der nördlichen Provinz für die Anschaffung landwirtschaftlicher Maschinen und Geräte.

Lfde. Nummer: 27

1. Föderation von Rhodesien und Njassaland (aufgelöst am 31. Dez. 1963)
   b) Regionalinstitute
2. **Land and Agricultural Loans Board**
3. Zomba, 1955
4. Zuschüsse von der Regionalregierung
5. Öffentlich-rechtliche Anstalt
6. Kreditbereitstellung für landwirtschaftliche Zwecke gegen die Sicherheit von Landbesitz.
7. Bis 1958 hatte das Board 39 Darlehen im Gegenwert von 71 000 £ fast ausschließlich an Europäer gewährt, davon waren 17 Darlehen lang- oder mittelfristig und 22 kurzfristig.

Lfde. Nummer: 28

1. G a b o n
2. **Banque Gabonaise de Développement**
3. Libreville, 1960
4. Grundkapital: 1 Mrd. frs. CFA
   60 % Staat
   Rest: CCCE
   BCEAEC (Zentralbank für Äquatorialafrika)
   Caisse des Dépôts et Consignation (frz.)
   Banque Française du Commerce Extérieur
5. Gemischtwirtschaftliche Aktiengesellschaft
6. Entwicklungskredite für alle Wirtschaftssektoren (bes. Infrastruktur, Bergbau und Industrie).
   Technische Hilfe für landw. Genossenschaften und deren Einrichtungen. Kurzfristige Erntefinanzierung (Kaffee). Einlagenbank für öffentliche Verwaltung und Bedienung der Staatsschuld. Ausnahmsweise zeitlich befristete Kapitalbeteiligung bis zu 33% an privaten Unternehmen.
7. Nachfolgeinstitut des Crédit du Gabon (1960), der aus dem Crédit de l'AEF (gegr. 1949) hervorging.
   Seit 1949—1963:
   4500 Darlehen über 2,7 Mrd. frs. CFA
   1961—1962:
   888 Darlehen über 770 Mill. CFA, davon
   50% für Wohnungs- und Geschäftsbau,
   25% für Handel,
   17% für Handwerk und Holzwirtschaft,
   8% für Landwirtschaft.

Lfde. Nummer: 29

1. G a b o n
2. **Société Gabonaise de Développement Rural**
3. Libreville, 1962
4. •
5. Öffentliches Unternehmen
6. Führung des Genossenschaftswesens, technische Hilfe für ländliche Ausbildung und Modernisierung, fortschreitende Zuständigkeit für Kreditfinanzierung und Kommerzialisierung der Ernte.
7. Sobald dieses Institut seine Aufgaben voll zu versehen vermag, wird die Landwirtschaftsförderung vermutlich hier zusammengefaßt.

Lfde. Nummer: 30

1. G a m b i a
2. **Farmer's Fund**
3. Bathurst, 1950
4. Zuschuß des Oilseeds' Marketing Board (2 Mill. £)
5. Öffentlich-rechtliche Anstalt
6. Förderung der landwirtschaftlichen Entwicklung, vor allem des Reisbaus.

Lfde. Nummer: 31

1. G h a n a
2. **Ghana Industrial Development Corporation** (bis 1961)
3. Accra, 1951
4. Zuschüsse und Darlehen vom Staat (Juni 1961 rd. Mill. £G).
5. Öffentlich-rechtliches Unternehmen
6. Gründung und Leitung von Industrie- und Dienstleistungsgesellschaften Kapitalbeteiligung. Kreditbereitstellung (Entwicklungskleinkredite). Techniker- und Managerschulung.
7. Bis Ende Juni 1960:
   a) Investitionen in „Subsidiary Companies": 3,7 Mill. £G
   b) Kapitalbeteiligung an „Associated Companies": 0,3 Mill. £G
   c) Kreditbereitstellung: 0,4 Mill. £G

Lfde. Nummer: 32

1. G h a n a
2. **Ghana Agricultural Development Corporation** (bis 1961)
3. Accra, 1955
4. Überweisungen und Darlehen vom Staat (1959 ca. 1,4 Mill. £G)
5. Öffentlich-rechtliches Unternehmen
6. Gründung von Musterfarmen für bestimmte landwirtschaftliche Erzeugnisse, von landwirtschaftlichen Kleinbetrieben (nach dem Gezira-Modell), von Kühl- und Lagerhäusern, von Geflügelfarmen und von Fabriken zur Herstellung von Konserven (Ananas, Corned beef, Tomatenpüree usw.).
   Förderung von Absatzmöglichkeiten für die einheimischen Agrarerzeugnisse, sowohl im Inland wie auch im Ausland.
   Gewährung von Krediten an Fischer und Farmer zum Ankauf von Booten und landwirtschaftlichen Geräten.
   Förderung des Genossenschaftswesens. Verteilung von Nahrungsmitteln im Lande.
7. Auflösung beider Gesellschaften (Nr. 31 und 32) Ende 1961. Ihre Funktionen wurden auf verschiedene Organe verteilt (Minister für Leicht- und Schwerindustrie, Planungskommission, Kontrollkommission).

Lfde. Nummer: 33

1. G h a n a
2. **National Investment Bank**
3. Accra, 1963
4. Grundkapital: 10 Mill. £G, davon
   75% Staat
   25% private Investoren
5. Gemischtwirtschaftliche Aktiengesellschaft
6. Kapitalbeteiligung und Kreditgewährung an industriellen, landwirtschaftlichen und kommerziellen Unternehmen.
   Förderung der Partnerschaft zwischen in- und ausländischem Kapital.
   Unterstützung der kleineren einheimischen Unternehmen durch Kreditbereitstellung und technische Beratung.
7. Die Bank soll auf kommerzieller Basis arbeiten.

Lfde. Nummer: 34

1. G u i n e a
2. **Banque Nationale de Développement Agricole**
3. Conakry, 1959
4. •
5. Öffentlich-rechtliche Anstalt
6. Entwicklungsfinanzierung der Landwirtschaft, bes. der Genossenschaften.
7. Nachfolgeinstitut der Crédit de Guinée (gegr. 1955).

Lfde. Nummer: 35

1. G u i n e a
2. **Crédit National pour le Commerce, l'Industrie et l'Habitat**
3. Conakry, 1959
4. •
5. Öffentlich-rechtliche Anstalt
6. Entwicklungskredite für Industrie, Handel und Wohnungsbau.

Lfde. Nummer: 36

1. G u i n e a
2. **Société de Développement Economique**
3. Conakry, 1961
4. •
5. Gemischtwirtschaftliches Unternehmen
6. Gründung von und Beteiligung an Industrieunternehmen.
7. Die Société de Développement Economique ist eine Tochtergesellschaft der ägyptischen Entwicklungsbank.

1. Kamerun
2. **Banque Camerounaise de Développement**
3. Yaoundé, 1961. Filialen: Douala, Dschang, Garoua. (Ein Netz von Agences de Crédit Rural ist geplant, um die Kreditversorgung im Landesinnern zu verbessern.)
4. 1,5 Mrd. CFA, davon:
   70 % Staat
   21 % CCCE
   8 % Banque Centrale
   0,7% Bremer Landesbank
   0,3% Banque française du commerce extérieur
   (1963: 10 Mill. DM Darlehen der deutschen Bundesrepublik zu 5,25% über 10 Jahre für landwirtschaftliche und industrielle Klein- und Mittelbetriebe.)
5. Öffentliches Unternehmen des Privatrechts
6. Finanzierung von Entwicklungsprojekten (Kreditbereitstellung und Kapitalbeteiligung):
   38% für Straßen-, Hafen- und Flugplatzbau,
   34% für Verbesserung der Produktion in verschiedenen Wirtschaftszweigen,
   18% für soziale Vorhaben,
   (10% keine Angaben).
   Im Agrarsektor Finanzierung von regionalen und lokalen Krediteinrichtungen (Caisse der Crédit Agricole) und technische Ausbildung von Kadern.
   Im Rahmen des Entwicklungsplanes Vergabe der Mittel der neu gebildeten Caisse d'Investissement. Einlagenbank für öffentliche Verwaltungen und Wahrnehmung des Schuldendienstes für die Regierung.
7. Nachfolgeinstitut des Crédit du Cameroun (gegr. 1949), der bis 1961 ca. 80 000 Darlehen über 5,6 Mrd. frs. CFA gewährte, davon 53% für Landwirtschaft, 35% für Bauwesen, 8% für Handwerk und 4% für private Anschaffungskredite.
   1961—1962:
   17 000 Kredite über 2,4 Mrd. frs. CFA, davon
   45% Landwirtschaft,
   36% Bau,
   14% Handwerk.
   Beteiligungen:
   Société Immobilière du Cameroun (8%);
   Société d'Exploitation pour l'Assainissement du Cameroun (16%);
   Société Camerounaise de Banque (25%);
   Société Camerounaise d'Hôtellerie (50,1%);
   Société Camerounaise de Navigation (73%).

Lfde. Nummer: 38

1. Kamerun
2. **Société Nationale du Cameroun pour le Commerce, l'Industrie et le Développement (SONAC)**
3. Yaoundé, 1962
4. 50 Mill. frs. CFA
   66 % Banque Camerounaise de Développement
   34 % private Handelsgesellschaften
5. Gemischtwirtschaftliche Aktiengesellschaft
6. Reform des Groß- und Zwischenhandels sowie die Ausbildung einheimischer Kaufleute.
7. Die Aktien der Bank sollen im Laufe der Zeit an einheimische Kaufleute übergehen.

Lfde. Nummer: 39

1. Kamerun
2. **Cameroons Development Corporation**
3. Bota, Victoria; 1947
4. 3,8 Mill. £
   50% Nigeria und West Kamerun
   50% CDC
   Anleihen:
   a) Nigeria . . . . 0,7 Mill. £
   b) Westkamerun . . . . 0,5 Mill. £
   c) Commonwealth Dev. Corp. (CDC) . . 0,7 Mill. £
   Geschäftsführung bei CDC
5. Öffentlich-rechtliche Körperschaft
6. Anlage und Leitung von Bananen-, Ölpalm-, Gummi-, Kakao-, Tee- und Pfefferplantagen sowie weiterverarbeitenden Betrieben.
   Konzessionen betragen 250 000 ha, 1/5 bebaut. 40% der Bananenproduktion in Westkamerun (ca. 85 000 t) und 80% der Palmölgewinnung entfallen auf die Corporation, die 20 000 Arbeitskräfte beschäftigt.
7. Umwandlung in Aktiengesellschaft 1960 (51 % Westkamerun, 10 % Bundesrepublik Kamerun, 4 % Private, 35 % CDC).

Lfde. Nummer: 40

1. Kamerun
2. **West Cameroons Development Agency**
3. Buea, 1957
4. Jährlich schwankende Zuschüsse vom Southern Cameroons Marketing Board (bis 31. 3. 1960 insgesamt ca. 1,1 Mill. £)
5. Öffentlich-rechtliches Unternehmen
6. Anbau von Kaffeeplantagen (Santa Coffee Estate).
   Gründung von Sägewerken, forstwirtschaftlichen Betrieben; Errichtung von Fischfang- und -verarbeitungsbetrieben (Cameroons Fisheries Ltd.).
   Gewährung von Zuschüssen an die Regierung für den Anbau von Kakao und für die Entwicklung des Genossenschaftswesens.
   Kreditgewährung an Privatunternehmen (zu diesem Zweck hat die Agency ein „Loans Committee" und 6 „Devisional Loans Boards" gegründet).

Lfde. Nummer: 41

1. K e n y a
2. **The Land and Agricultural Bank of Kenya**
3. Nairobi, 1942
4. Grundkapital: 2 625 000 £
   Termineinlage: . . . . . 517 222 £ (1960)
   Kontoüberziehungen: . . . 215 956 £ (1960)
5. Öffentliches Unternehmen des Privatrechts
6. Bereitstellung von kurz- und mittelfristigen Krediten für nachhaltige Strukturverbesserungen (Gebäude, Bewässerungsanlagen, katasteramtliche Grenzfestlegungen) und landwirtschaftliche Maschinen. Kreditgewährung zur Ablösung fälliger Schulden.
7. In jedem der 16 Distrikte des Landes unterhält die Bank einen Vertreter, der ihr über den Landbesitz der Kreditnehmer berichtet.
   Bank soll dem Landwirtschaftsministerium unterstellt werden.

Lfde. Nummer: 42

1. K e n y a
2. **African Land Development Board (ALDEV)**
3. Nairobi, 1945
4. Zuschüsse vom Staat
5. Öffentlich-rechtliche Anstalt
6. Koordinierung der Entwicklungs- und Landgewinnungspläne der verschiedenen Ministerien. Finanzierung und Durchführung der staatlichen Pläne für die Entwicklung der Landwirtschaft. Beratung über die wirtschaftlichen und technischen Probleme.
7. 1945 wurde das Board unter dem Namen „African Settlement Board" gegründet. Es hatte damals die Aufgabe, die Ansiedlung bzw. die erneute Ansiedlung der Afrikaner zu fördern. Inzwischen wurde der Name des Boards öfters geändert. Zur Zeit ist es als ALDEV bekannt. Das Schwergewicht seiner Aufgaben liegt nunmehr nicht auf der Ansiedlung, sondern auf der allgemeinen Entwicklung der Landwirtschaft.

Lfde. Nummer: 43

1. K e n y a
2. **Industrial Development Corporation**
3. Nairobi, 1954
4. Bis Juni 1963 Darlehen von:
   a) Staat . . . . 466 061 £
   b) Revolving Loans Fund (USA) . . . 50 000 £
5. Öffentlich-rechtliche Anstalt
6. Kapitalbeteiligung, Kreditbereitstellung (Industrie, Fischereiwesen, Hotels).
7. Ende Juni 1962:
   a) Investitionen: . . . . 127 000 £
   b) Schuldverschreibungen und Darlehen: 197 475 £
   Teile des bisherigen Aufgabenbereichs dürften von der Development Finance Company of Kenya (vgl. Lfd. Nr. 44 a) übernommen werden.
   Auf längere Sicht strebt die Corporation auch Neugründungen aus eigener Initiative an.

Lfde. Nummer: 44

1. K e n y a
2. **Joint Loans Board**
3. 1958
4. Zinsfreies Grundkapital vom Staat
5. Öffentlich-rechtliche Anstalt
6. Kreditbereitstellung für landwirtschaftliche Zwecke an Genossenschaften und an einzelne Farmer.
7. Jeder Distrikt in Nyanza und Central Province hat ein Board.

Lfde. Nummer: 44 a

1. K e n y a
2. **Development Finance Company of Kenya**
3. Nairobi, September 1963
4. Grundkapital: . . . . 2 000 000 £
   eingezahltes Kapital . . 1 500 000 £
   zu gleichen Teilen gezeichnet von der Industrial Development Corporation of Kenya, der Deutschen Gesellschaft für wirtschaftliche Zusammenarbeit (Entwicklungsgesellschaft) und der Commonwealth Development Corporation (CDC)
5. Internationales öffentliches Unternehmen des Privatrechts
6. In erster Linie Errichtung und Erweiterung industrieller und landwirtschaftlicher Unternehmen; daneben Förderung des Hotel- und Häuserbaus, der Fischerei und der Projekte zur Landgewinnung, vorausgesetzt, daß diese Unternehmungen auf gewinnbringender Basis betrieben werden. Alle gebräuchlichen Formen der Finanzierung — mittel- und langfristige Darlehen, Kapitalbeteiligungen und Schuldverschreibungen. Finanztechnische, organisatorische und technische Beratung. Unterrichtung potentieller in- und ausländischer Investoren über die örtlichen finanziellen Verhältnisse und Geschäftsbedingungen.
7. Bis Ende 1963 wurden sechs mögliche Investitionsprojekte ins Auge gefaßt (rd. 750 000 £).

Lfde. Nummer: 44 b

1. K e n y a
2. **Agricultural Finance Corporation**
3. Nairobi, September 1963
4. Jährliche Zuschüsse der Regierung.
   Im Jahr 1964: 130 000 £.
5. Öffentliches Unternehmen
6. Konzentration des landwirtschaftlichen Kreditwesens in einer Hand, um geringere Verwaltungskosten zu erreichen (Anregung der Weltbank).
   Vorläufig vor allem Vergabe von Kleinkrediten an die Landwirtschaft in Gebieten, die noch nicht in die Entwicklungsplanung einbezogen sind.
7. Verschiedene kleinere Agrarkreditinstitute haben bereits ihre Funktionen auf die AFC übertragen; Abgabe von Teilfunktionen der Land and Agricultural Bank of Kenya an die AFC. Diese Bank soll jedoch weiterhin bestehen bleiben (vgl. Nr. 41).

Lfde. Nummer: 45

1. Kongo (Brazzaville)
2. **Banque Nationale de Développement du Congo**
3. Brazzaville, 1961
4. 420 Mill. frs. CFA
   58 % Regierung
   25 % CCCE
   8,5 % Banque Centr. des États de l'Afrique Equ. et du Cameroun
   8,5 % Caisse des Dépôts et Consignations und Banque Française du Commerce Extérieur
5. Gemischtwirtschaftliche Aktiengesellschaft
6. Entwicklungsfinanzierung im Rahmen des Wirtschaftsplans und aus eigener Initiative (Kreditbereitstellung und Kapitalbeteiligung). Einlagenbank für die öffentliche Verwaltung.
7. Nachfolgeinstitut der Société Congolaise de Crédit (gegr. 1960), die aus der Crédit de l'AEF hervorging (gegr. 1949). Von 1949—1961: ca. 15 000 Darlehen über 1,8 Mrd. frs. CFA, davon
   45 % Bauwesen,
   30 % Landwirtschaft,
   12 % Handwerk und
   Rest private Anschaffungskredite.
   1961—1962: 2000 Darlehen über 300 Mill.

Lfde. Nummer: 46

1. Kongo (Brazzaville)
2. **Société Nationale Congolaise de Développement Rural**
3. Brazzaville, 1961
4. •
5. Öffentliches Unternehmen
6. Förderung der landwirtschaftlichen, insbesondere genossenschaftlichen Entwicklung. Kredite für den Absatz der Ernte. Verwaltung der Caisse de Stabilisation des Oléagineux (Preisstützung für Ölfrüchte). Ausgleichszahlungen für den Transport von Kaffee und Kakao. Das Institut kontrolliert die Finanzführung von über 35 landwirtschaftlichen Genossenschaften.
7. Zur Zeit gewährt das Institut auch technische Hilfe. Diese Aufgabe soll einem Bureau pour le développement de la production rurale übertragen werden, das mit 4 Zweigstellen arbeiten soll.

Lfde. Nummer: 47

1. Kongo (Léopoldville)
2. **Société de Crédit à l'Agriculture et à l'Industrie**
3. Léopoldville, 1960
4. 89 % Staat
   11 % Privatbanken (1947)
5. Gemischtwirtschaftliche Aktiengesellschaft
6. Kreditbereitstellung für Industrie und Landwirtschaft.
7. 1947 gegründet als Société de Crédit au Colonat. Bis 1958 nur Kredite und Bürgschaften für kleinere europäische Unternehmen im Kongo. Seit 1958 durch Bildung eines „Fonds provisoire de crédit aux autochtones“ Berücksichtigung afrikanischer Interessen.

Lfde. Nummer: 48

1. L i b e r i a
2. **Agricultural Credit Corporation**
3. Monrovia, 1962
4. 10 000 $
5. Öffentliches Unternehmen
6. Kredite für Landwirtschaft, Fischerei, Vieh- und Geflügelzucht.
7. Nachfolgeinstitut der Agricultural and Industrial Corporation (gegr. 1957).

Lfde. Nummer: 49

1. L i b e r i a
2. **Liberian Bank for Industrial Development and Investment**
3. Gründung geplant
4. Grundkapital: 2,5 Mill. $
   25 % Staat
   25 % IFC
   20 % Bank für Gemeinwirtschaft
   10 % Int. Bank of Washington
   15 % Ausländische Gesellschaften mit Niederlassungen in Liberia
   5 % Einheimische Private
5. Gemischtwirtschaftliche Aktiengesellschaft
6. Kredite und Kapitalbeteiligungen für industrielle Unternehmen, auch technische und kaufmännische Beratung und Eigengründungen.

Lfde. Nummer: 50

1. M a d a g a s k a r
2. **Banque Nationale Malgache de Développement (BNM)**
3. Tananarive, 1963
4. Grundkapital: 1 Mrd. Francs Malgaches (FMG) = 1 Mrd. frs. CFA
   51 % Staat
   49 % CCCE
5. Öffentliches Unternehmen des Privatrechts
6. Kreditbereitstellung, Kapitalbeteiligungen, technische Hilfe für Unternehmen aller Wirtschaftssektoren. Wohnungsbau- und Anschaffungskredite. Einlagenbank für öffentliche Verwaltung. Beteiligung an mehreren gemischtwirtschaftlichen regionalen Erschließungsgesellschaften [Soc. Malgache d'Aménagement du Lac Alaotra (SOMALAC) und Soc. Malgache d'Aménagement de la Sakay (SOMASAK)] zusammen mit anderen öffentlichen Körperschaften und französischen Spezialfirmen.
7. Nachfolgeinstitut der Société Malgache d'Investissement et de Crédit (gegr. 1960), vormals Crédit de Madagascar (gegr. 1951).
   1951—1961: 16 500 Darlehen über 5,2 Mrd. frs. CFA, davon
   38 % für Landwirtschaft,
   28 % für Bau,
   23 % für Handwerk, Handel, Industrie,
   11 % private Anschaffungen.
   1961—1962: 11 300 Darlehen über 1,6 Mrd.

Lfde. Nummer: 51

1. M a d a g a s k a r
2. **Société Nationale d'Investissement (SNI)**
3. Tananarive, 1962
4. 1 Mrd. FMG; ca. 400 Mill. von öffentlichen Angestellten, die im Wege des Zwangssparens (4 % der Gehaltssumme) einbehalten werden. Einlage der Regierung als Übergangsmaßnahme. Beteiligung der privaten Wirtschaft (bes. Handel) und der Sparer erwartet und durch Steueranreize gefördert.
5. Gemischtwirtschaftliche Aktiengesellschaft mit Inhaber-, Order- und Namensaktien, klein gestückelt, mit staatlicher Dividendengarantie von 4 %.
6. Bereitstellung von Anlagekapital für industrielle Unternehmen. Beteiligung bei Neugründungen bis zu 35 % des Grundkapitals, bei Erweiterungen bis zu 50 % der Kapitalerhöhung. Die von der SNI geforderte Dividende beträgt mindestens 5 %. Vertraglich wird festgelegt, daß das geförderte Unternehmen die SNI-Beteiligung zurückkaufen kann, sobald die finanzielle Situation es gestattet bzw. daß die SNI ihre Beteiligung an private Sparer verkaufen kann.
7. Bis August 1963 200 Mill. FMG an Beteiligungen.

Lfde. Nummer: 52

1. M a d a g a s k a r
2. **Bureau Central Laitier [1] (BCL)**
3. Tananarive, 1962
4. 7 Mill. FMG
   49 % Zentralregierung
   9 % Provinzialregierung Tananarive
   9 % Handelskammer Tananarive
   9 % Banque Nationale de Développement
   24 % andere Organe
5. Öffentliches Unternehmen
6. Förderung und Koordinierung der Milchwirtschaft: Mitwirkung bei der Gründung berufsständischer und genossenschaftlicher Organe und Einrichtungen, finanzielle und technische Hilfe für Qualitätsverbesserung, Verarbeitung und Absatzausweitung.
7. Der Minister für Landwirtschaft ist Vorsitzender des Verwaltungsrates.

[1] Als Beispiel für eine stark spezialisierte kleinere Entwicklungsinstitution (vgl. auch Nr. 50: SOMALAC und SOMASAK).

Lfde. Nummer: 53

1. M a l i
2. **Banque de la République du Mali**
3. Bamako, 1962. Filialen: Kayes, Mopti, Ségou
4. 1 Mrd. Francs Maliens (FM) (= 1 Mrd. frs. CFA)
5. Öffentlich-rechtliches Unternehmen
6. Nationale Zentral-, Noten- und Kreditbank; sie übernahm Mitte 1963 die Aufgaben der aufgelösten Banque Populaire du Développement (gegr. 1960): Entwicklungskredite für alle Wirtschaftssektoren, Kapitalbeteiligung und Unternehmensgründung. Die Entwicklungskredite der Bank sind kurzfristiger Natur. Langfristige Kredite nur mit Zustimmung der Regierung.
7. Die Banque Populaire du Développement war das Nachfolgeinstitut des Crédit du Sudan (gegr. 1957), an der die CCCE beteiligt war.

Lfde. Nummer: 54

1. Mali
2. **Office du Niger**
3. Ségou, 1932
4. 560 Mill. FM
5. Seit 1960 staatlicher Regiebetrieb.
6. Künstliche Landbewässerung und Kultivierung auf ca. 50 000 ha. Ansiedlung von kollektiv wirtschaftenden Bauern, technische Anleitung, Bereitstellung von Saatgut, Arbeitsgerät, Überbrückungskrediten, Führung von verarbeitenden Betrieben (Ölpressen, Reismühlen, Baumwollentkernungs- und Seifenfabrik), Maschinen- und Traktorstationen sowie zentraler Aufkauf und Absatz der Produktion. 35 000 ha Reis, 10 000 ha Baumwolle, Versuchspflanzungen für Zuckerrohr, Weizen und Futtermittel. Geplant ist die Errichtung einer Viehranch.
7. Bis 1947 arbeitete das Office als französische staatliche Einrichtung. Mit Budget- und FIDES-Mitteln wurden umfangreiche Infrastruktur-Investitionen vorgenommen (Bewässerungskanäle, Regulierstationen). In erster Linie sollte Reis gezogen werden. Neuerdings liegt der Schwerpunkt auf einer breiten, vieh- und landwirtschaftlich gemischten Produktionsstruktur, unter Verzicht auf eine zu kostspielige Mechanisierung.

Lfde. Nummer: 55

1. Mauretanien
2. **Banque Mauritannienne de Développement**
3. Nouakchott, 1962
4. 150 Mill. frs. CFA
   58 % Staat
   34 % CCCF
   8 % BCEAO (Zentralbank für Westafrika)
5. Öffentliches Unternehmen des Privatrechts
6. Entwicklungskredite für alle Wirtschaftssektoren. Kapitalbeteiligung an Unternehmen. Einlagenbank für die öffentliche Verwaltung.

Lfde. Nummer: 56

1. Mauritius
2. **Mauritius Agricultural Bank**
3. Port Louis, 1936
4. 10 Mill. Rs. (Inzwischen erhöht)
5. Öffentlich-rechtliches Unternehmen
6. Förderung vornehmlich der Landwirtschaft, ab 1950 auch des Wohnungsbaus und der Industrie durch Gewährung langfristiger Kredite.
7. Von den Krediten in Höhe von 63 520 915 Rs, die die Bank bis zum 21. 12. 1961 gewährt hatte, entfielen:
   74 % auf die Landwirtschaft,
   24 % auf den Wohnungsbau und
   2 % auf die Industrie.
   Daneben ist die Bank noch mit der Verwaltung von Darlehen der öffentlichen Hand betraut.

Lfde. Nummer: 57

1. Niger
2. **Crédit du Niger**
3. Niamey, 1958
4. 100 Mill. frs. CFA
   50 % Staat
   30 % CCCE
   20 % Banque de Développement (Nr. 58)
5. Gemischtwirtschaftliche Aktiengesellschaft
6. Kurz-, mittel- und langfristige Kredite für Landwirtschaft und Handwerk. Wohnungsbau (zwecks Vermietung/Verkauf) und Wohnungsbau sowie Anschaffungsdarlehen für Private.
7. 1958—1962: 2280 Finanzierungen über 480 Mill. frs. CFA, davon, gegliedert nach der Fristigkeit:
   32 % kurzfristig,
   45 % mittelfristig (1—5 Jahre),
   23 % langfristig.
   Gegliedert nach dem Verwendungszweck:
   34 % für Wohnungsbau,
   29 % für Landwirtschaft,
   22 % für Bauten auf eigene Rechnung zwecks Verkauf oder Vermietung,
   8 % für private Anschaffungskredite,
   7 % für Handwerk, Handel und Industrie.

Lfde. Nummer: 58

1. Niger
2. **Banque de Développement de la République du Niger (BDRN)**
3. Niamey, 1961
4. 150 Mill. frs. CFA
   55 % Staat
   10 % CCCE
   10 % BCEAO (Zentralbank für Westafrika)
   10 % Sté Tunesienne de Banque
   5 % Banque Franç. du Commerce Extérieur
   4 % Caisse d'Allocations Familiales
   6 % Private
5. Gemischtwirtschaftliche Aktiengesellschaft
6. Entwicklungskredite für alle Wirtschaftssektoren. Kapitalbeteiligung an Unternehmen (mit Ausnahme der Landwirtschaft). Einlagebank für öffentliche Verwaltung. Kurzfristige Finanzierung der Erdnußernte zusammen mit Privatfirmen (diese Aufgabe wird demnächst der neuen Société Nigérienne des Arachides (SONARA) übertragen, die von den Handelshäusern, der staatlichen Stabilisierungskasse und anderen öffentlichen Organen gemeinsam getragen wird.
7. Das Kapital (ursprünglich 150 Mill. frs. CFA) wurde unlängst erhöht; die Beteiligungsverhältnisse änderten sich nicht. Die Bank hat die 1. Tranche einer geplanten Anleihe von 2 Mrd. CFA aufgelegt. Die Mittel sollen für landwirtschaftliche Erschließungsarbeiten, für die Handwerksförderung und für die Modernisierung des Handelssystems verwendet werden.

Lfde. Nummer: 59

1. N i g e r i a
   a) Bundesinstitute
2. **Federal Loans Board**
3. Lagos, 1956
4. Zuschüsse von der Bundesregierung
5. Öffentlich-rechtliche Anstalt
6. Bereitstellung von Krediten bis 50 000 £N an industrielle Unternehmen in der ganzen Föderation.
7. Bis Ende 1962 41 Kredite im Gegenwert von ca. 345 000 £N.
   Tätigkeit 1963 eingestellt.

Lfde. Nummer: 60

1. N i g e r i a
   a) Bundesinstitute
2. **Revolving Loans Fund for Industry**
3. Lagos, 1959
4. Anweisungen im Rahmen des „Economic Cooperation Act" von 1948 von U. K. (ca. 200 000 £N). Zuschüsse von der Bundesregierung
5. Öffentlich-rechtliche Anstalt
6. Förderung der industriellen Entwicklung durch die Errichtung von Kleinindustrien sowie durch die Gewährung von Kleinkrediten in der ganzen Föderation.
7. Tätigkeit 1963 eingestellt.

Lfde. Nummer: 61

1. N i g e r i a
   a) Bundesinstitute
2. **Investment Company of Nigeria Ltd. (ICON)**
3. Lagos, 1959
4. Grundkapital: 5 Mill. £N. Eingezahltes Kapital: 1 Mill. £N.
   10 % Commonwealth Development Corporation
   20 % Commonwealth Development Finance Company Ltd.
   Die Mehrheit des Aktienkapitals wurde von ausländischen Investoren gezeichnet.
5. Gemischtwirtschaftliche Aktiengesellschaft
6. Förderung der industriellen Entwicklung durch Kapitalbeteiligung, Kreditbereitstellung, organisatorische und technische Beratung. Geschäftsführung der Börse in Lagos.
7. Bis Ende 1961 wurden in 18 Projekten 635 500 £N als Kredite bzw. Kapitalbeteiligung investiert.
   Die Investment Company of Nigeria wurde Anfang 1964 aufgelöst. Nachfolgeinstitut ist die Nigerian Development Bank (NIDB), (vgl. Nr. 62).

Lfde. Nummer: 62

1. Nigeria
   a) Bundesinstitute
2. **Nigerian Industrial Development Bank (NIDB)**
3. Lagos, Anfang 1964
4. Grundkapital: 5 Mill. £N, eingezahltes Kapital: 2,25 Mill. £N. Davon zeichneten:
   33 % englische Banken und Industrieunternehmen (Aktionäre der Icon, Lfd. Nr. 61, die einen Teil ihrer Aktien in Aktien der NIDB umwandelten).
   22 % amerikanische, europäische und japanische Banken
   22 % die Central Bank of Nigeria
   22 % die International Finance Corporation (IFC)
   1 % einheimische Aktionäre
   Ferner: ein langfristiges, unverzinsliches Darlehen der nigerianischen Regierung in Höhe von 2 Mill. £N.
5. Gemischtwirtschaftliche Aktiengesellschaft
6. Die NIDB soll die Entwicklung der nigerianischen Wirtschaft auf privatwirtschaftlicher Grundlage durch die Gewährung von kurz-, mittel- und langfristigen Krediten fördern und ausländisches Kapital für Investitionen in Nigeria interessieren.

Lfde. Nummer: 63

1. Nigeria
   b) Regionalinstitute
2. **Northern Nigeria Development Corporation (NNDC)**

g) Sonstige	2 517 £N

Kaduna, 1956

4. Bis Ende März 1962 Zuschüsse von:

a) Regionales Budget	486 550 £N
b) Nigerian Groundnut Marketing Board . . .	6 668 693 £N
c) Nigerian Cacao Marketing Board	33 057 £N
d) Nigerian Oil Palm Produce Marketing Board .	171 794 £N
e) Nigerian Cotton Marketing Board	550 000 £N
f) Northern Region Marketing Board	1 267 516 £N
Insgesamt	9 180 127 £N

5. Öffentliches Unternehmen
6. Gründung von industriellen und landwirtschaftlichen Unternehmen, Kapitalbeteiligung, Kreditbereitstellung und technische Beratung.
7. Nachfolgeinstitut der Northern Regional Development (Loans) Board (1949) und Northern Regional Production Development Board (1949).
   Ende März 1961: Investitionen in 8 Unternehmen: 659 867 £N; Kapitalbeteiligung an 22 Unternehmen: 1 942 317 £N; Kreditbereitstellung an Unternehmen, Einzelpersonen und Genossenschaften: 2 732 782 £N.

Lfde. Nummer: 64

1. Nigeria
   b) Regionalinstitute
2. **Northern Development (Nigeria) Ltd.**
3. Kaduna, 1959
4. Eingezahltes Aktienkapital: 1,2 Mill. £N, davon gezeichnet von

a) Northern Region Development Corporation . .	300 000 £N
b) Commonwealth Development Corporation . .	450 000 £N
insgesamt	750 000 £N
Zinslose Darlehen vom Northern Nigeria Government	25 000 £N

5. Öffentliches Unternehmen des Privatrechts
6. Gründung von industriellen und landwirtschaftlichen Unternehmungen. Kreditbereitstellung. Technische Beratung.
7. Die Geschäftsführung liegt bei der Development Corporation (West Africa) Ltd.
   Bis Ende 1961 Investitionen in zwei Projekte in Höhe von 58 000 £N. Verlust im Jahre 1961 5094 £N (1960: 6331 £N).

Lfde. Nummer: 65

1. Nigeria
   b) Regionalinstitute
2. **Eastern Nigeria Development Corporation (ENDC)**
3. Enugu, 1955
4. Bis Ende März 1962: Zuschüsse ca. 9 Mill. £N.
5. Öffentlich-rechtliches Unternehmen
6. Gründung und Leitung von Unternehmen aller Art. Kapitalbeteiligung. Kreditbereitstellung.
7. Nachfolgeinstitut der Eastern Regional Production Development Board 1949 und Eastern Region Development (Loans) Board 1949.

Lfde. Nummer: 66

1. Nigeria
   b) Regionalinstitute
2. **Industrial and Agricultural Company Ltd. (INDAG)**
3. Enugu, 1959
4. 1960 Aktienkapital: 1 036 000 £N, gezeichnet von:

a) Eastern Nigeria Government	356 000 £N
b) Commonwealth Development Corporation . .	680 000 £N

5. Öffentliches Unternehmen des Privatrechts
6. Aufstellung und Durchführung eigener Entwicklungsprojekte. Kapitalbeteiligung. Kreditbereitstellung.
7. Die Geschäftsführung hat die Development Corporation (West Africa) Ltd. Ende 1961: Investitionen in 3 Projekten: 59 000 £N, Verlust im Jahre 1961: 7544 £N (1960: 7703 £N).

Lfde. Nummer: 67

1. Nigeria
   b) Regionalinstitute
2. **Western Region Finance Corporation**
3. Ibadan, 1955
4. Bis März 1962 Zuschüsse von der Western Nigeria Government 2 905 000 £N
   Darlehen vom Cocoa Marketing Board . . . . 1 200 000 £N
   Darlehen von der Western Nigeria Development Corporation 150 000 £N
5. Öffentlich-rechtliches Unternehmen
6. Förderung der wirtschaftlichen Entwicklung durch Kapitalbeteiligung und Kreditbereitstellung an industrielle, landwirtschaftliche und kommerzielle Unternehmen.
7. Nachfolgeinstitut des Western Region Development (Loans) Board 1949. Die Corporation hat 209 „Local Loans Boards" gegründet, die für die Entwicklung der Landwirtschaft und Fischerei Kredite bereitstellen.
   1960/61:
   a) Kurzfristige Darlehen (Landwirtschaft) . . . . 926 000 £N
   b) Langfristige Darlehen (Landwirtschaft) . . . . 400 000 £N
   c) Industrielle Darlehen . . . . 1 035 000 £N
   d) Darlehen an Tochtergesellschaften . . . . . . 254 000 £N
   e) Kapitalbeteiligung . . . . 1 579 000 £N

Lfde. Nummer: 68

1. Nigeria
   b) Regionalinstitute
2. **Western Nigeria Development Corporation**
3. Ibadan, 1959
4. Zuschüsse von den Cocoa Marketing und Oil Palm Produce Marketing Boards bis März 1962 ca. 11,4 Mill. £N. Darlehen vom Western Nigeria Government und vom Western Region Marketing Board bis März 1962 8,5 Mill. £N.
5. Öffentlich-rechtliches Unternehmen
6. Gründung von industriellen, landwirtschaftlichen und kommerziellen Unternehmen. Kapitalbeteiligung. Kreditbereitstellung. Unternehmensleitung.
7. Nachfolgeinstitut des Western Region Production Development Board 1955. Ende März 1962: Kreditbereitstellung und Kapitalbeteiligung an 13 landwirtschaftlichen und 4 industriellen Unternehmen in Höhe von ca. 6,8 Mill. £N.

Lfde. Nummer: 69

1. N i g e r i a
   b) Regionalinstitute
2. **Lagos Executive Development Board**
3. Lagos
4. 31. 3. 1962 ca. 12,2 Mill. £N:
   a) Zuschüsse von der Bundesregierung . . . . 5,1 Mill. £N
   b) Darlehen von der Commonwealth Development Corporation, Bundesregierung und Bank of Africa Ltd. . . . . 3,6 Mill. £N
   c) Verkauf von Grundstücken usw. . . . . 3,5 Mill. £N
5. Öffentlich-rechtliche Anstalt
6. Planung und Entwicklung der Stadt Lagos. Beseitigung der Slums in Lagos. Bau von Wohnhäusern und Straßen.

Lfde. Nummer: 70

1. O b e r v o l t a
2. **Banque Nationale de Développement**
3. Ouagadougou, 1962
4. 300 Mill. frs. CFA, davon gezeichnet:
   58 % vom Staat
   33 % von der CCCE
   9 % von der BCEAO (Zentralbank für Westafrika)
5. Gemischtwirtschaftliche Aktiengesellschaft
6. Entwicklungskredite für alle Wirtschaftssektoren und Kapitalbeteiligungen (z. B. an Société Immobilière de Haute-Volta). Einlagenbank für öffentliche Verwaltung und Wahrnehmung des Schuldendienstes für die Regierung. Bislang Konzentration auf Genossenschaftsförderung (Erntekredite, Bereitstellung von Saatgut, Düngemittel und Arbeitsgerät) und Baufinanzierungen.
7. Nachfolgeinstitut des Crédit National pour le Développement Economique et Social (gegr. 1961), der seinerseits aus dem Crédit de la Haute-Volta von 1958 hervorging.
   1958—1962: 4000 Darlehen über 700 Mill. frs. CFA, davon
   23 % Landwirtschaft,
   41 % Bauwesen (u. a. für öffentliche Bauten und Kanalisierung),
   21 % Handel und Handwerk,
   15 % private Anschaffungskredite (u. a. Fahrräder, Radios, Gartengerät).

Lfde. Nummer: 71

1. Senegal
2. **Banque Sénégalaise de Développement (BSD)**
3. Dakar, 1960. Filialen: Kaolack, Diourbel, Thiès, Tambacounda, Ziguinchor, Saint-Louis. (Die Filialen sollen im Laufe der Zeit zu Regionalbanken umgeformt werden und zugleich für Nr. 72 arbeiten.)
4. 1 Mrd. frs. CFA
   55 % Staat
   22,5 % Caisse Centrale
   10 % Central Bank of West Africa
   5 % Workmen's Compensation Fund
   6,5 % Caisse des Dépôts
   1 % Banque Française du Commerce Extérieur
5. Gemischtwirtschaftliche Aktiengesellschaft
6. Entwicklungskredite für alle Wirtschaftssektoren. Kapitalbeteiligungen [z. Z. Société Africaine de Raffinage (50 %); Sté. Industrielle Sénégalaise de Machines Agricoles (43 %); Union Sénégalaise de Banque (51 %); Sté. Sénégalaise de Publicité (2,5 %)]. Kreditfinanzierung (inkl. Erntekredite) und technische Hilfe für landwirtschaftliche Genossenschaften (Saatgut, Arbeitsgerät etc.). Verwaltung der Caisse d'Investissement, aus der Budget- und Sondersteuererträge für Projekte im Rahmen der Entwicklungsplanung verwendet werden. Einlagenbank für öffentliche Verwaltung und Genossenschaften sowie Wahrnehmung des Schuldendienstes für die Regierung.
7. Von den kurzfristigen Krediten, die bis zum Jahresende 1962 gewährt wurden, entfallen etwa 70 % auf die Kooperativen (hauptsächlich zur Vermarktung der Erdnußernte). Fast alle kurzfristigen Kredite kommen der Landwirtschaft zugute. Bei mittel- und langfristigen Krediten beteiligte sich die Industrie stärker als Kreditnehmer.
   Hauptanteil der Kredite ging 1962 nicht mehr an die Kooperativen, sondern an öffentliche Unternehmungen.
   Bei einer Aufgliederung nach dem Verwendungszweck entfallen an mittelfristigen Krediten:
   307 Mill. CFA auf Ausrüstungsgegenstände des landwirtschaftlichen Entwicklungsprogramms,
   35 Mill. CFA auf Transportmittel für die Landwirtschaft,
   65 Mill. CFA auf sonstige Geräte für die Landwirtschaft,
   233 Mill. CFA auf nicht für die Landwirtschaft bestimmte Ausrüstungsgegenstände.
   Bei langfristigen Krediten entfallen:
   75 Mill. CFA auf Ausrüstungsgegenstände für die Landwirtschaft,
   614 Mill. CFA auf Ausrüstungsgegenstände für den öffentlichen Kollektivbedarf.

Lfde. Nummer: 72

1. Senegal
2. **Crédit Populaire du Sénégal**
3. Dakar, 1962
4. 360 Mill. frs. CFA, davon:
   72 % Staat
   28 % CCCE
5. Öffentliches Unternehmen
6. Nach der Gründung der Banque Sénégalaise de Développement (lfd. Nr. 71) ist der „Crédit Populaire du Sénégal" hauptsächlich für folgende Kreditarten zuständig:
   a) Sozialkredite (Hausbau, langlebige Konsumgüter etc.),
   b) Kredite an die Industrie,
   c) Kredite für den Hotelbau,
   d) Kredite an Handwerker, Händler, Fischer und
   e) Kredite an städtische Konsumgenossenschaften.
   Die Kredite können kurz-, mittel- oder langfristiger Natur sein.
7. Nachfolgeinstitut des Crédit du Sénégal (gegründet 1957), dem bis zur Errichtung der Entwicklungsbank (lfde. Nr. 71) die gesamte Entwicklungsfinanzierung oblag. 1961/62 wurden Kredite in Höhe von 3,74 Mrd. CFA gegeben. Davon:
   21 % an den Hausbau,
   14 % an die Industrie,
   43 % an den Handel,
   1 % an die Landwirtschaft,
   0,7 % an die Fischerei,
   4 % Personalkredite,
   0,7 % Bürgschaften.

Lfde. Nummer: 73

1. Senegal
2. **Société de Développement Rizicole du Sénégal (SDRS)**
3. Dakar, 1960
4. 375 Mill. frs. CFA (Minderheitsbeteiligung französischer staatlicher Firmen)
5. Öffentliches Unternehmen
6. Erschließung des Senegalflußtals, Leitung des Richard-Toll-Projektes (Reisanbau) und Durchführung von Anbau- und Düngungsversuchen. Technische Hilfe für Bauern im Flußtal des Senegal.
7. Die Reisanbaufläche wurde von 1300 ha im Jahre 1953 auf über 6200 ha 1962 erweitert. Die Anbaufläche soll in den nächsten 5 Jahren verdreifacht werden.

Lfde. Nummer: 74

1. Senegal
2. **Société de Développement Agricole et Industriel de la Casamance (SODAICA)**
3. •
4. 150 Mill. frs. CFA; 66 % Rep. Senegal, Rest: Office de Commercialisation Agricole und Centre régional d'aide au développement de la Casamance
5. Öffentliches Unternehmen
6. Erschließung der Casamance-Region. Führt die Plantagen weiter, die von der französischen Compagnie générale des oléagineux tropicaux angelegt wurden.
7. Die Beteiligung der Zentralregierung soll im Laufe der Zeit an örtliche Organe übertragen werden.

Lfde. Nummer: 75

1. Sierra Leone
2. **Sierra Leone Investments Ltd.**
3. Freetown, 1961
4. Grundkapital: 350 000 £, davon
   Staat . . . . 150 000 £
   Commonwealth Development Corporation . . 200 000 £
5. Öffentliches Unternehmen des Privatrechts
6. Mitwirkung bei der Errichtung und Erweiterung industrieller und landwirtschaftlicher Unternehmen. Gewährung finanzieller Unterstützung an Unternehmen aller Art wie Hotelbetriebe, Fischereibetriebe usw.
7. Die Geschäftsführung liegt bei der Development Corporation (West Africa) Ltd.

Lfde. Nummer: 76

1. Sierra Leone
2. **Development of Industries Board**
3. Freetown, 1947. (Reorganisiert 1957 und 1961.)
4. Zuschüsse vom Staat aus dem Budget
5. Öffentlich-rechtliche Anstalt
6. Bereitstellung von Krediten für industrielle Zwecke (gewöhnlich in Form von Maschinen und Geräten) gegen die Sicherheit von Landbesitz usw.
7. Gegründet im Rahmen der Development of Industries (Assistance) Ordinance von 1946. Seit seiner Gründung 88 Kredite im Gegenwert von 15 000 £ für die Gründung von Geflügelfarmen, für die Fischerei- und die Palmnußindustrie.

Lfde. Nummer: 77

1. Sierra Leone
2. **Agricultural Credit Board**
3. Freetown, 1960
4. Zuschüsse vom Staat 90 000 £, davon 80 000 £ für die Landwirtschaft und 10 000 £ für Fischerei
5. Öffentlich-rechtliche Anstalt
6. Kreditbereitstellung für die Entwicklung der Landwirtschaft und Fischerei. Beratungsstelle für das Agricultural Department.

Lfde. Nummer: 78

1. S u d a n
2. **Agricultural Bank**
3. Khartoum, 1961
4. Grundkapital 5 Mill. £S, aufgebracht vom Staat
5. Öffentlich-rechtliches Unternehmen
6. Bereitstellung kurzfristiger Überbrückungskredite für Baumwollanbauer.
7. Die Bank unterhält z. Z. 11 Zweigstellen. Die Gründung weiterer Zweigstellen ist vorgesehen.

Lfde. Nummer: 79

1. S u d a n
2. **Industrial Bank**
3. Khartoum, Nov. 1961
4. Grundkapital 3 Mill. £S, davon
   Staat . . . . 2 500 000 £S
   Darlehen von
   a) Staat . . . . 500 000 £S
   b) Development Loan Fund (US) . . 2 000 000 US $
5. Öffentlich-rechtliches Unternehmen
6. Bereitstellung von lang- und mittelfristigen Krediten für die Gründung, Expansion und Modernisierung der privaten Industrieunternehmen. Förderung der Zusammenarbeit zwischen In- und Auslandskapital bei der Gründung von Industrieunternehmen. Technische Beratung.
7. Die Organisation der Bank ist in 3 Abteilungen aufgeteilt:
   a) Wirtschaftliche Abteilung,
   b) Technische Abteilung,
   c) Kreditabteilung.

Lfde. Nummer: 80

1. T a n g a n y i k a
2. **Local Development Loan Fund**
3. Dar es Salaam, 1947
4. Zuschüsse vom Staat; 1958 2 Mill. £
5. Öffentlich-rechtliche Anstalt
6. Landwirtschaftliche Kleinkredite an Private und Genossenschaften.

Lfde. Nummer: 81

1. T a n g a n y i k a
2. **African Productivity Loan Fund**
3. Dar es Salaam, 1955
4. Zuschüsse vom Staat; 1958 ca. 2 Mill. £
5. Öffentlich-rechtliche Anstalt
6. Kleinkredite für Industrie.
7. Die beiden „Funds" sind unter Leitung und Kontrolle von „The African Loan Fund Committee".

Lfde. Nummer: 82

1. T a n g a n y i k a
2. **Land Bank**
3. Dar es Salaam, 1951
4. Grundkapital . . . . . 475 000 £ (1960)
5. Öffentlich-rechtliches Unternehmen
6. Kredite für die Landwirtschaft: Kurzfristige Kredite für Maschinen und Geräte (auch Ernteüberbrückungskredite); langfristige Kredite für Landankauf und -erschließung sowie für Bewässerungsanlagen.
7. 1958: 153 kurzfristige Kredite von insgesamt 349 174 £, 138 langfristige Kredite von insgesamt 623 800 £.

Lfde. Nummer: 83

1. T a n g a n y i k a
2. **Agricultural Credit Agency**
3. Dar es Salaam, 1962
4. Zuschüsse aus einem Nationalfonds für die wirtschaftliche Entwicklung (bisher 30 000 £)
5. Öffentlich-rechtliche Anstalt
6. Kurz- und mittelfristige Kredite an Landwirte und Fischer, besonders für die Anschaffung von Arbeitsgeräten.
7. IDA (Tochtergesellschaft der Weltbank) gibt wahrscheinlich Anleihe von 1,25 Mill. £.

Lfde. Nummer: 84

1. T a n g a n y i k a
2. **Tanganyika Agricultural Corporation**
3. Dar es Salaam, 1955
4. Beiträge von „U. K. Colonial Service Vote" (1959 ca. 1,7 Mill. £)
5. Öffentlich-rechtliches Unternehmen
6. Bau und Leitung landwirtschaftlicher Versuchseinrichtungen (im Gebiet des ehemaligen Groundnut Scheme). Gründung und Leitung (auf kommerzieller Basis) von landwirtschaftlichen Betrieben und Bewässerungsprojekten.
7. Die Weltbank-Mission hat eine Änderung der Organisation und des finanziellen Status vorgeschlagen.

Lfde. Nummer: 85

1. T a n g a n y i k a
2. **Tanganyika Development Corporation**
3. Dar es Salaam, 1962
4. Grundkapital: 500 000 £
5. Öffentliches Unternehmen des Privatrechts
6. Kapitalbeteiligung und Kreditbereitstellung für Unternehmen aller Art.

Lfde. Nummer: 86

1. Tanganyika
2. **Tanganyika Development Finance Company**
3. Dar es Salaam, 1962
4. Grundkapital: 1,5 Mill. £. Je 1/3 Tanganyika Development Corporation, Commonwealth Development Corporation und Bundesrepublik Deutschland
5. Öffentliches Unternehmen des Privatrechts
6. Kapitalbeteiligung und Kreditbereitstellung für Unternehmen aller Art.
7. Anderen Ländern steht die Beteiligung an der Gesellschaft grundsätzlich offen.

Lfde. Nummer: 87

1. Togo
2. **Crédit du Togo**
3. Lomé, 1957. Filialen: Palimé, Atakpamé
4. 112,5 Mill. frs. CFA
   56 % Staat
   44 % CCCE
   (eingezahltes Kapital = 87,5 Mill. frs. CFA)
5. Öffentliches Unternehmen
6. Kapitalbeteiligung und Kreditbereitstellung für Unternehmen aller Art. Verwertung der Landesprodukte in Zusammenarbeit mit Société Publiques d'Action Rurale (SPAR).
7. Von 1957—1962: 9200 Darlehen über 1,3 Mrd. frs. CFA, davon
   39 % für Landwirtschaft,
   48 % für Bauten,
   7 % für Handwerk und
   6 % für langlebige Gebrauchsgüter.

Lfde. Nummer: 88

1. Togo
2. **Société Togolaise de Développement**
3. Gründung geplant

6. Gewährung von Darlehen, technische Beratung, Prüfung von Projekten, Beteiligung an bereits bestehenden und zu gründenden Unternehmen.

Lfde. Nummer: 89

1. Tschad
2. **Banque de Développement du Tchad**
3. Fort Lamy, 1962
4. 420 Mill. frs. CFA
   58 % Regierung
   34 % CCCE
   8 % Banque Centrale des États de l'Afrique Equat. et du Cameroun
5. Gemischtwirtschaftliche Aktiengesellschaft
6. Kapitalbeteiligung und Kreditbereitstellung für Unternehmen aller Art. Wohnungsbau- und private Anschaffungskredite. Kurzfristige Erntefinanzierung. Einlagenbank für öffentliche Verwaltungen; Wahrnehmung des Schuldendienstes für die Regierung.
7. Nachfolgeinstitut der Société Tchadienne de Crédit (gegr. 1959), die aus dem Crédit de l'AEF (gegr. 1949) hervorging.
   Von 1949—1962: 3600 Darlehen über 1,9 Mrd. frs. CFA; davon
   61 % für Landwirtschaft (bes. für Erntefinanzierung),
   28 % für Bauten,
   10 % für Handwerk und Handel,
   1 % für private Anschaffungen.

Lfde. Nummer: 90

1. Uganda
2. **Uganda Development Corporation**
3. Kampala, 1952
4. Grundkapital: 7,4 Mill. £ (ausschl. vom Staat gezeichnet)
5. Öffentliches Unternehmen des Privatrechts
6. Gründung von Unternehmen aller Art. Kapitalbeteiligung. Kreditbereitstellung. Technische Beratung. Untersuchung der Entwicklungsmöglichkeiten.
7. Bis zum Beginn des Jahres 1962:
   a) Gesamtinvestitionen:
   (in Subsidiary und Associated Companies) . . . 8 400 000 £
   b) Kreditgewährung an kleine Unternehmen:
   14 Kredite von durchschnittlich . . . . 3 000 £

Lfde. Nummer: 91

1. Uganda
2. **Uganda Credit and Savings Bank**
3. Kampala, 1950
4. Jährlich schwankende zinslose Darlehen vom Staat
5. Öffentlich-rechtliche Anstalt
6. Bereitstellung von Kleinkrediten an afrikanische Unternehmen gegen die Sicherheit von Landbesitz.

Lfde. Nummer: 92

1. Zentralafrikanische Republik
2. **Banque Nationale de Développement**
3. Bangui, 1961
4. 240 Mill. frs. CFA
   58 % Regierung
   33 % CCCE
   9 % Banque Centrale des États de l'Afrique Equat. et du Cameroun
5. Öffentliches Unternehmen des Privatrechts
6. Entwicklungskredite und technische Hilfe für alle Wirtschaftssektoren. Besonders Unterstützung der genossenschaftlichen Einrichtungen der Landwirtschaft. Führung eines Fonds d'équipement rural, der aus Sondersteuern, Budgetzuschüssen und ausländischer Hilfe gespeist wird und dessen Mittel für die Bereitstellung von landwirtschaftlichen Maschinen und Arbeitsgeräten dienen. Einlagenbank für die öffentlichen Verwaltungen.
7. Nachfolgeinstitut des Crédit Centrafricain (gegr. 1960). Dieses Institut ging aus dem Crédit de l'AEF (gegr. 1949) hervor.
   1961—1962: Kredite über ca. 500 Mill. frs. CFA, davon 84 % für Landwirtschaft (kurzfristige Erntefinanzierung, Aufbau und Förderung eines modernen Genossenschaftswesens).

Lfde. Nummer: 93

1. Zentralafrikanische Republik
2. **Société pour le Développement et l'Industrialisation**
3. Bangui (im Aufbau)
4. Erhält vermutlich Zuweisungen aus einem neuen Fonds national pour le progrès économique et social. Die öffentlichen Angestellten zahlen 1 % des Gehalts in den Fonds. Private Firmen sollen durch Steueranreize angeregt werden, Fondsanteilscheine zu erwerben.
6. Planung und Durchführung von Industrialisierungsprojekten.